社区设计的源流

英国篇

［日］山崎 亮 著

朱轶伦 译

上海科学技术出版社

图书在版编目（CIP）数据

社区设计的源流. 英国篇 / （日）山崎亮著 ；朱轶
伦译. -- 上海 ： 上海科学技术出版社，2023.1
ISBN 978-7-5478-5749-6

Ⅰ. ①社… Ⅱ. ①山… ②朱… Ⅲ. ①社区—建筑设
计—研究—英国 Ⅳ. ①TU984.12

中国版本图书馆CIP数据核字(2022)第128393号

上海市版权局著作权合同登记号 图字：09-2020-623 号

社区设计的源流　英国篇
[日] 山崎 亮　著

朱轶伦　译

上海世纪出版（集团）有限公司
上 海 科 学 技 术 出 版 社　出版、发行
（上海市闵行区号景路 159 弄 A 座 9F-10F）
邮政编码 201101　　www.sstp.cn
上海雅昌艺术印刷有限公司印刷
开本 787×1092　1/32　印张 8.125
字数 170 千字
2023 年 1 月第 1 版　2023 年 1 月第 1 次印刷
ISBN 978-7-5478-5749-6/TU·322
定价：79.00 元

本书如有缺页、错装或坏损等严重质量问题，请向工厂联系调换

目　录

第一章　约翰·罗斯金

第二章 威廉·莫里斯

—— 专栏 ——

第三章　阿诺尔德·汤因比

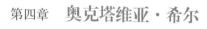

第四章　奥克塔维亚·希尔

—————— 专栏 ——————

第五章　埃比尼泽·霍华德

第六章　罗伯特·欧文

第七章　托马斯·卡莱尔

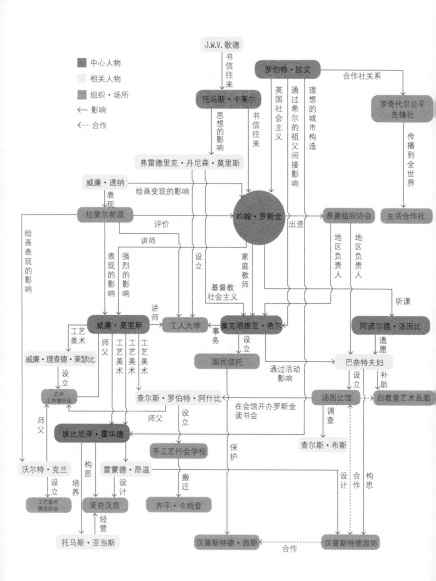

J.W.V. 歌德

中心人物
相关人物
组织·场所
← 影响
←--- 合作

书信往来

罗伯特·欧文　　合作社关系

托马斯·卡莱尔

罗奇代尔公平先锋社

思想的影响

英国社会主义

书信往来

通过希尔的祖父间接影响

理想的城市构造

传播到全世界

弗雷德里克·丹尼森·莫里斯

威廉·透纳

绘画变现的影响

约翰·罗斯金

慈善组织协会

出资

表现

生活合作社

拉斐尔前派

评价

绘画表现的影响

讲师

设立

家庭教师

地区负责人

地区负责人

表现的影响

强烈的影响

基督教社会主义

听课

威廉·莫里斯

讲师

工人大学

奥克塔维亚·希尔

阿诺尔德·汤因比

工艺美术

师父

工艺美术

工艺美术

工艺美术

事务

设立

遗愿

补助

威廉·理查德·莱瑟比

国民信托

巴奈特夫妇

设立

通过活动影响

艺术工作者行会

查尔斯·罗伯特·阿什比

师父

在会馆开办罗斯金读书会

汤因比馆

白教堂艺术画廊

调查

师父

埃比尼泽·霍华德

设立

保护

查尔斯·布斯

设计

合作

构思

沃尔特·克兰

设立

构思

手工艺行会学校

工艺美术展览协会

雷蒙德·昂温

搬迁

设计

汉普斯特德园郊

设立

培养

莱奇沃思

齐平·卡姆登

合作

经营

托马斯·亚当斯

汉普斯特德·西斯

合作

第一章

约翰·罗斯金

（John Ruskin，1819—1900）

前半生作为艺术批评家，后半生作为社会改良家活跃于世，影响了许多设计师和社会活动者。照片是伊里奥特与弗赖伊工作室*为50岁的罗斯金拍摄的。

---

* Elliot and Fry Studio，英国维多利亚时代的摄影工作室。——译者注

社区设计和罗斯金

我称自己的工作为"社区设计"。虽然这个称呼还不能说完全准确，不过当被问及职业的时候，我都会回答说自己是社区设计师。简要来说，我的工作内容就是和社区中的人们分享当地存在的问题，并且帮助他们合力克服挑战。

"这个做法在以前都是理所当然的"这种说法我时有耳闻，不过也确实如此。以往人们都是自发找出居住地区的问题，在分享问题之后开会讨论怎么解决。当然，他们也不止步于此，而是会身体力行，将讨论得出的解决方案付诸实践。其中有一些奏效了，也有一些"撞了南墙"。

这是一个不断试错的过程。不过在此期间，当地社区也逐渐强大、团结起来，当地人也能合力解决新发现的问题。

但是，最近事态发展却不一样了。尤其是在市区，像这样合作的社区之类的形式变成了一个遥不可及的梦想。

有些人租住在公寓里，也许不久就要搬离，所以不和邻里往来；有些人住在公寓里，却没有加入居民协会；还有很多人甚至不知道隔壁住着什么人。这样一来，能够和其他人分享自己住宅的问题，并且着手解决的人也就逐渐变少了。

问起上述现象的原因，得到的回答各式各样，诸如"工作在市中心，所以不常在家附近走动""反正马上就要搬家的嘛""和社区扯上关系好麻烦啊"，等等，最终导致的结果就是在居住地区没有熟人、发生灾害时难以寻求帮助、孤独死亡的人数不断上升；又或者因为心中郁闷无人可倾诉，最终不免走向自杀等绝路。

如今，生活确实更为方便了，一方面常有人说"日本人富足起来了"。然而，另一方面也涌现出了新的问题，获得大量物质和金钱是否就可以真正称为富足了呢？甚至因为人与人之间的联系越来越少，导致了致命危险显性化。在这样的背景下，作为对于"这样的时代应该要做什么"的思考的结果，我就创立了社区设计工作室——studio-L 公司，致力于创造人与人之间的联系，并振兴地区。

这个公司非常奇妙，是以"连接人与人"作为工作内容。其中有许多很难理解的内容，比如到底是谁在订购服务，又如何获取对价等。只要一有机会，我就会解释一番，但是收效甚微。假设我是询问方，也一定会觉得难以理解，所以带着这样的顾虑向人说明，一边还要担心面对前来询问的人，自己能否给出一个令人可以接受的答复。

所以，这次我就稍稍改变了一下方法，我想从促成我从事这项工作的契机，也就是思想和人物等下笔著书。回顾我从事社区设计之前读过的图书，其中印象深刻的全都是 1900 年前后的作品。虽然都已经是百年前的作品了，但是读得越多越发觉得和现代的烦恼是相似的。19 世纪末，工业革命和劳动力现代化浪潮席卷而来，资本主义社会中人类的隔阂变得显而易见。而 21 世纪初，资本主义变得越来越复杂、巧妙，通过互联网进行的信息交换也在迅速发展，我注意到人们的烦恼是相似的。

为这样的时代倍感忧心并投身到实践中的人们的生存方式是需要相当勇气的。这之中英国的艺术批评家、社会改良家罗斯金的思想就成了我投身于社区设计工作中的契机之一，并且也对 studio-L 的工作方式产生了很大的影响。在本章中，我想追溯罗斯金的人生，总结其不同年代对我产生影响的要点。

运用人和物的内在价值的艺术

罗斯金生于 1819 年，1900 年去世[1]。罗斯金的人生一般可分为若干阶段。特别是 1860 年以前活跃于艺术批评家行列，而后作为社会改良家活跃于世。本书以 1860 年为界，将罗斯金前后的主要作品区分开来，组织一下他的想法和社区设计的思考方式。

罗斯金年轻时很喜欢画家威廉·透纳（William Turner）的画作。然而，当 17 岁的他得知透纳的画作在杂志上受到批评时，就开始撰文反驳该文章[2]。在父母的支持下，他欣赏到了许多透纳的画作。他在文章中评价透纳绘画的表现方法不会降低自然本身具有的价值。

他尤其不喜欢将自然拟人化之后给予鉴赏者特别的感情的表现方式，并称赞了透纳正确表现自然美好部分的方式（图 1）。这时的罗斯金已经萌生了对自然的价值不做削弱的表现的评价的思考方式。

其后，罗斯金认为削减自然和自然等具有的内在价值的工作是无用的。对于那些可能有利可图，但是会降低自然的价值的开发，他持批评态度。他也同样批判了那些无法运用个人价值的工作。

图 1　透纳所绘的《英格兰：里奇蒙山，亲王的生日》(*England: Richmond Hill, on the Prince Regent's Birthday*)，是一幅宽度超过 3m 的巨作，描绘了泰晤士河谷的田园风景。这个作品于罗斯金出生的 1819 年在皇家学会展上展出。罗斯金评价透纳的画作能够正确地表现自然风光

让我用日语中的"勿体无"*相似的思想来解释。事物和人物等"勿体"本身具有价值，如果不能尽其用，那么这种状态就是"勿体无"，即物必尽其用、物必善其用的观点。正如后文所述一般，我所关切的社区设计正是运用地区当地的"勿体"的工作。也正是需要思考把什么人和什么人联系到一起、把什么当地资源和人联系到一起的工作。为此，就需要了解当地的所有资源及其价值，需要为"人和人""人和物"等建立联系。也正是因为如此，我们作为外来者需要倾听当地人们的声音，把人们聚集在一起进行交流，向当地人请教只有他们才知道的当地的内在价值。

---

* 佛教用语"物体"的反义词，形容为事物没法保留应有的姿态、发挥应有的价值而叹息。——译者注

在制造中发现快乐

罗斯金 17 岁开始为拥护透纳写的艺术论在 6 年后编成一册，作为《现代画家》的第一卷出版，罗斯金时年 23 岁。在第二卷出版之后，罗斯金的兴趣已经不局限于当画家了，而是涉及了建筑师的工作。他出版了《建筑的七盏明灯》（图2）和《威尼斯的石头》。在这两本书后又陆续写出了《现代画家》的第三到第五卷。后三卷建筑论已经超越了艺术批评的范畴，言及了人们的生活方式和社会的存在形式等。

图2 《建筑的七盏明灯》里的插画《卢卡圣米歇尔教堂正面的拱门》（ *Arch from the Façade of the Church of San Michele at Lucca* ），是罗斯金亲自雕刻的、于 1849 年由史密斯与埃尔德出版公司（ Smith, Elder & Co. ）出版的初版的插画。1880 年再版时，插画由雕刻师卡夫（ Cuff ）复刻。于是，除了插画左下角罗斯金的姓名首字母外，右下角还加上了卡夫的名字

一般认为，罗斯金在撰写《建筑的七盏明灯》和《威尼斯的石头》两本建筑相关著作的过程中，他在对建筑的外观美上考证了建造方法，以及当时建造该建筑的工人们的感受。从中可以看出罗斯金的观念发生了很有意思的变化，以下让我们来仔细看一下。

《建筑的七盏明灯》于1849年出版，罗斯金时年30岁。他以"建筑"作为观察对象，把融入了缜密思考建造出来的"建筑"和单纯的"建筑物"分开。罗斯金通过仔细观察过去的"建筑"，他从中读出了工人们怀着喜悦的心情从事建筑工作，以及人们不单纯是为了生存而劳作，而是因为需要艺术而工作。

在更进一步对建造建筑背景的考察后，他用了2年时间撰写出了《威尼斯的石头》一书（图3）。这本书影响了许多设

图3 《威尼斯的石头》里的插画《飞檐装饰》（Cornice Decoration）。罗斯金在这里画了多种飞檐（建筑上方的水平部分）装饰的图。此外，这时的罗斯金不仅关注飞檐的装饰，也关注窗框和柱头上的装饰。这些也会让他想到它们被制作时的历史背景

计师，特别是对艺术与工艺运动的领导者威廉·莫里斯的影响极大。《威尼斯的石头》出版约 30 年后，被在牛津大学执教的罗斯金邀请来做演讲的莫里斯曾问学生："这位罗斯金教授曾经说过，艺术是用来表现人类在劳动中的喜悦的。如果能够从劳动中找到喜悦，那么满足于没有快乐的劳动岂不是很糟糕？假如现在有许多人处于没有快乐的强制劳动中，那么我们现在是否就生存在一个错误的社会中呢？"

在这 10 年之后，莫里斯自己成立的出版社又单独再版了《威尼斯的石头》的第二卷第六章《哥特式的本质》并发行（图 4）。"这本书为我们指出了世界未来应该前进的道路。它不止告诉了我们艺术可以表现出劳动中的人们的喜悦，也点明了人

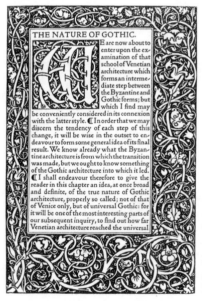

图 4 从威廉·莫里斯设立的凯姆斯柯特出版社于 1892 年出版的《哥特式的本质》的开篇页。页面布局和页边插画颇具特色。莫里斯在这本书的序文中提到了劳动和政治等内容

们可以从劳动中发现喜悦。"其后他又这么说:"最早指出人类可以从劳动中获得喜悦的可能并不是罗斯金。罗伯特·欧文曾表述过出于合作和善意的劳动并不会带来痛苦。查尔斯·傅里叶也主张提高人们勤劳的欲望以及合理的分配是很有必要的。这两位都认为劳动不应该是痛苦的。而罗斯金不这么认为。他指出在工作中发现艺术性的喜悦的重要性,并认为应该将其推广到社会和政治等方方面面。这是一种全新的观点。"以往的思想家思考的是如何减少劳动中的痛苦,而罗斯金思考的是如何营造把劳动变为喜悦的事情的社会。这确实是全新的。

在建筑设计事务所工作的人会对罗斯金的想法产生强烈的共鸣。朋友们经常问的就是:"工资明明那么低,为什么还要那么拼命呢?"确实,建筑设计事务所的工资并不高。与之相对的却是经常要从早到晚,有时从一个早晨到另一个早晨伏案画图纸、制作模型。当被问及为什么要那么拼命时,我觉得会回答:因为在设计中到处都有需要艺术表达的时候,思考采用什么样的形态为好的设计时就很快乐吧。纵观在反复试错中完成的空间设计又会带来自我满足,这就是无上的喜悦了。这样的工作无论是不是要长时间劳动,又或者是不是月薪比较低,都毫无疑问是一项快乐的工作。另外,因为一直在工作,反而没什么时间花钱。因此,我也不曾觉得受低薪之苦。

这是我参与建筑设计工作的个人体验。不过,罗斯金对于这样"制造"相关的人类的心情,是通过对哥特式建筑的细致观察得出的。以下就详细地看一下《哥特式的本质》中罗斯金所观察出的内容。

粗犷而快乐的工作集体蕴藏着力量

罗斯金从古建筑中观察到了几处可以看出当时工人们价值观的地方，所以他认为只要能够理解建筑的语言，就可以读懂过去。

罗斯金选择哥特式建筑作为解读对象。哥特式建筑这种说法用日语很难解释清楚。大概就是"粗犷的建筑"的感觉吧。可能由于哥特人的性格比罗马人粗犷，所以歌特人建造的粗犷特质的东西就被称为哥特式。但并不是说哥特式建筑就是哥特人建造的。罗斯金也描述"给人粗犷印象的建筑就称为哥特式建筑"。

在此基础上，罗斯金也关注建筑的细节部分。仔细观察古代哥特式大教堂的细节，可以看到上面雕刻的所有动物都有一些略微奇怪的形状。形状奇妙并且动作在生物学上也多有错误。不过罗斯金却认为这一点不应当受到嘲笑。他认为这是每一个工匠自由发挥自己的想象，并在享受雕刻工作中雕刻出来的。这说明建造哥特式建筑的中世纪工匠们在不断的试错中发挥着自由想象悠闲地雕刻着。罗斯金的关注点在于，这种工作方式是被认可的，并且大量聚集在了一起才营造出了这种粗犷但庄严的印象（图 5）。

在继续观察建筑的装饰时罗斯金注意到了三种装饰。第一种是奴隶装饰。工匠的技能不如他们的师父，只是按照被吩咐的样子去制作装饰。第二种是遵守规范的装饰。这是在认识到工匠的技能较差之后，以师父的装饰为规范去自由表达出来的装饰。第三种是革命性的装饰。这是工匠们不认为自己的技能

图 5 1848 年在法国旅行中绘制的《阿布维尔的圣沃尔夫勒姆教堂西南门廊》(*Southern Porch of St. Vulfran, Abbeville*)。可以看出，此时罗斯金正在关注建筑上的细微的装饰物

差而随意去表达制造出来的装饰。他认为，在这之上，哥特式建筑装饰的特征是符合第二种"遵守规范的装饰"，即被许可在遵守某一种规范的同时，可以自由表达。

　　罗斯金如此表述那个时代的精神："做你想做的，不能做到的就直说。不要一边羞于表达一边勉强去做自己做不到的事情。"通过这样的方式，哥特式的本质可以说是粗犷地把可以做的事情整合起来构建出整体。

　　这种观点在社区设计现场极其重要。把当地人召集起来开会时就会发现有知道怎么交流的人和不知道怎么交流的人，也会有一边肯定别人的意见一边交流的人，以及一边否定别人的意见一边交流的人。创造一个这样可以让人们相互交流的环境就是我们的工作了。因为其中也能产出一些有趣的想法（图 6、图 7）。

　　执行阶段也是如此。在确认会议上交流得出的内容后，将每个人可以做的事情通过汇总来推行项目。如果不采用这种让每个人量力而为的方法，项目就无法推进下去。毕竟项目是有利于当地的事情，所以需要整合当地居民的力量，创建一个粗犷但有趣的项目。这诚然就是一个哥特式的项目了（图8、图9）。

这里的问题是，要让项目成功，是否应该以让运营项目的当地人的满足为优先。作为设计师，制作海报和传单、设计会场才更能让项目完美。但是这样的参与当地居民就仅是搭把手。反之，项目虽然会变得比较粗犷，但是当地居民可以作为主体参与进来，可以共享推进的过程。更为重要的是，他们本人可以体验反复试错得到的快乐。社区设计的现场也和哥特式建筑一样，是以通过整合当地居民的自由的想法，营造出虽然粗犷但是丰富的项目为目标。

哥特式就是粗犷。正因为粗犷，才保证了制造它的人的自由度。正是因为凭借自由的想法建造出来的建筑，才具有较高的价值。罗斯金如是说："建筑唯有不完美才能真正高贵。"完全控制工人来建造完美的建筑就不可能保证工人的自由度去建造出不完美的建筑。罗斯金认为后者才是高贵的建筑。

这种说法的背后是工业革命后的社会所产生的工厂劳动的不人道。罗斯金以工业制品中感受不到制作者的自由度作为问题点，认为制作者在拥有自由度的时候制造出来的产品就不可能完美但却拥有力量；剥夺制作者的自由制造出来的产品虽然完美度提升了，但却失去了力量。确实，如今到处都有大量产品被制造出来，但是大部分情况下这些产品却不足以感动人。这里面大部分是工厂制造的，几乎没有融入工人的自由的想法。可以说，罗斯金的观点在今天仍然有意义。

图6	图7
图8	图9

图6　爱知县长久手市开展的"NADE LABO"*的工作坊。参与社区设计相关研讨会的长久手市政府工作人员作为促进者推动工作坊活动开展。在交流时经常会分享一些简单的规则，如"不对意见提出批评""听到底""每个人都要发言"等

图7　东京都立川市的"儿童未来中心"举办的工作坊。关于这个中心里开展的市民活动，我们听取了各个团体想要做的事情并做了整理。有三名社区设计师常驻该中心

图8　大阪府营泉佐野丘陵绿地的公园护林员活动。接受过公园建造相关培训的市民在园内各处推进公园建设。擅长土木工程、蔬菜种植、野鸟观察等的市民一起推动公园的建设与发展

图9　宫崎县延冈市的市民参加推动的"延冈之窗"活动。延冈站周边地区开展了各式各样的市民活动，旨在让市民亲手打造出一条"去了就能偶遇"的街区

---

*　全称为"ながくてできたてラボラトリー"，意为"长期活动的新作实验室"。

　　——译者注

studio-L 工作人员的工作方式

这些观点也影响了我们这个社区设计事务所的工作方式。studio-L 有 25 名员工，他们造访各个地方以协助社区设计，但是现场决策完全由负责人决定（图 10）。缺少独立性的员工会不知道该怎么做，而老手则会相信自己在现场的感受，和当地的居民一起，运用自由的想法推动项目进展。

当然，我们的工作人员会有一些共同分享的基本原理。我们会在一年两次的合宿时分享，或者像我这样写成文章分享给其他人。如果这能够成为一种规范的话，那么接下来就是各自自由安排，一边遵守规范，一边琢磨适合各个地区的行事方

图 10 studio-L 的成员。以前的工作都是每个人分别做的，基于建筑、景观、土木、城市规划、IT 工程、销售、影像、编辑和规划等各种经验写出社区设计的规范。组织的管理的要点是要分享"遵守规范"和"自由决定"的平衡点

法。这样就可以称为理想的工作方式了。

在所有的地区推行相同的项目可以提高完善程度，并增加成功的概率。但是这样负责的工作人员就没有余地去琢磨了。然而，让当地居民享受到活动的乐趣是至关重要的。studio-L的工作人员找出当地的问题，与当地的人们交流怎么解决问题，凭自己的想法去支持活动，一起推动社区营造工作。这样推动的项目虽然会显得粗犷，但因为作为活动主体的居民和打下手的工作人员等可以自行决定方向做出判断，所以可以说是颇有意义了。

罗斯金还曾说过，每个人应该都有一点想象力、感情和思考能力。但是由于条件所限，没法发挥自己的想象力、感情和思考能力的人不在少数。也正因为如此，需要启发人的想象力、感情和思考能力并加以褒奖。这对我们的工作方式起到了指导作用。因为这对所有人来说，就是要有"变得更好"的意愿。

不过，其中也存在风险。优点是无法单独启发出来的，因此缺点势必也会一起出现。于是在褒奖他们的长处的时候势必也会包含缺点。在项目中因缺点而面临危机的时候，就必须要同时激发他们的长处和短板，通过长处的组合推动项目。只是数数字，自然不可能失败，然而在需要激发新想法并去实行的工作中，负责人好的一面和不好的一面往往就会同时显现出来。

罗斯金如是说：应该把工人当作工具一样用于简单工作上呢，还是作为人类看待、作为思考者来为我们工作呢？这是必须要思考的问题。就算要把人类当作工具一般使用，也有不顺手的时候吧。如果要当作道具使用，那么机器更为精确。如果是作为人类看待来工作，那么最好重视那些机器所产生不了的想法。然后由他们去实行这些想法。当然也会有失败的时候。在失败中一点点改变态度，仔细琢磨一番，他们一定能够享受作为人类工作的乐趣。

然而可悲的是，工人不得不为了果腹而继续从事毫无乐趣的工作。相信钱到手的一刻就会快乐，从而忍受毫无乐趣的工作度过一生，这是何等的不幸。工人对富裕者的怒火并不是源于拿到的报酬少，而是为了拿到报酬而从事的工作丝毫不能让人喜悦。

"社区设计师协会" studio-L

罗斯金从哥特式建筑中读出了上面的观点，提出了在管理上需要保障工人的自由度，在组合他们的长处和短处的同时提升整体表现的重要性。这种组织管理的背景源自罗斯金理想中的行会*的工作方式。

对于中世纪的行会的评价存在着分歧。由富商掌控城市市政和市场等的主导权被工匠团结而成的行会夺取了回来。这是其中一种正面评价。又或者主导权被夺取回来后就变成了既得权力，行会也催生了市场支配等现象。这是指责的一种。有些意见认为最终市民解散行会也是板上钉钉的事情。

不过，罗斯金认为行会内的师父和工匠的关系、贯彻品质

---

* 即行业协会。——译者注

管理、负责制徒弟制度、教育制度和自由的想法等催生出的合作，以及技术革新等行会所具有的好的方面应当继承下去。事实上，他组织了非营利行会圣乔治协会，并且曾在爱尔兰海中央的曼岛等地区推动地区振兴的经验。虽然从结局来说，协会的经营并没有取得很好的成果，但是罗斯金从协会组织经验中得出的应该继承下来的方面还是可以成为我们的参考的。

studio-L 又可以称为协会式的工匠团体。社区设计师作为个体业主结成团体，采用以老带新的徒弟培养方式，并非彼此之间各自为政。个体业主并非不工作就能拿到报酬，而是根据工作量获得自己的业务费用。业务负责人负责各个项目，并招募必要的成员来推行。除了招募 studio-L 内的成员外，在没有合适的人选时也可以请其他个体业主来帮忙。负责人可以自由选择合作伙伴。

在项目现场也如同前文所述，由负责人自行决策。这是因为在现场做出的判断应当是最为正确的，如果没有什么特殊情况，我作为师父也不会干涉。当然，有时候会在讨论后指出方向，但这也不过是一个规范而已，实际的判断基本上是由现场工作人员负责做出的。这里面也有在 studio-L 继承罗斯金对于行会式的工作方式中给予正面评价的"品质管理""多样化合作""教育的机制""技术革新""社会关系资本的培养"等的价值考量。

独自负责单个项目的不分工制度

行会式的工作方式中重要的一点是工匠自始至终都从事单一一项工作。如同罗斯金所言，如果要让人能从工作中获得喜悦，那么分工这种工作方式就是有害的。

工业革命后的英国，在工厂工作的人数变多了，更多人被强迫卷入分工这种工作方式中。罗斯金提出："最近我们对于分工这种文明的伟大发明做了诸多研究，并对其追根究底。但这种命名方式是错误的。实际上被分割的并不是劳动，而是人类。人类被分割后变成了单个的人类的片段。"并认为每个工人都只参与制造中的一部分是一个问题。"我们漂白棉花、锻造钢铁、精炼砂糖、制造陶器，但是并不能从参与漂白、锻造、精炼、制造这一连串的工作中感到喜悦。"当工作以这样的方式被切片后，就很难再把创造的功夫融入过程中了。由于谁都没有参与到所有步序中，没法亲眼看到完成品，那么从中感受到的喜悦也就无从谈起了。

这些问题在如今的日本也是适用的。那么这样的情况要怎么应对呢？罗斯金给出了建议："这样的状态的对策只有一种，那就是让所有阶级的人都能正确理解到底什么样的劳动是人类所偏好的、对人类有益的、能让人幸福的。通过工人的堕落而得来的便利、美感和低价必须坚决放弃，并且必须要以同样坚决的态度去要求完善的、对人有益的劳动产物和成果。"

话到这里已经不再是在讨论哥特式建筑的美妙之处究竟在哪里了。从哥特式建筑的特征到建造了这些建筑的工匠的工作方式，再发展到能够实现这样的工作方式的社会形式。罗斯金就这样逐渐从艺术批评家转变成社会改良家了。

对于社区设计，不做分工是相当重要的。在地区当地活动的人们通常在日常工作中都经历过分工，都会有不满足的地方。在地区开展社区营造活动时，如果还要分工，就可能会打消人们参与的热情。人们会想关注项目的整体状况，而这在日常工作中是无法实现的。从发现问题到讨论对策，再到社会实验，然后以实验结果为基础讨论改善方案。接着又是实现的准备工作。通过这样的循环反复，自己能够从中获得参与到项目的方方面面的充实感。

studio-L 的工作方式也是一样的。要推进项目，就会产生各种角色，如销售、企划、现场调查、工作坊运营、计划制订、各类设计、制作报告等（图 11～图 14）。我想要尽可能让一个人来完成这些工作。如果需要分工的话，项目可以分到非常细，如文案、平面设计师、摄影师、工作坊引导人、销售员、撰稿人等。但项目推进就不可能让所有人满意了。如果我们自己都无法在工作中体会到充实感，那么就更没法用这份热情感染来参与的居民们了。分工这一做法，不仅对于参与进来的居民，而且作为社区设计师投入进来的 studio-L 的工作人员，都会向着消解热情的方向做功。

正因如此，社区设计师必须涉猎广泛。因为不再分工，就需要自始至终都要有独挑大梁的本事。下面列举我想到的我们应当始终具备的能力：①在人前发言；②撰写行政文件；③绘制图纸和插图等；④搜索合适的数据和案例；⑤通过对话征求居民的意见；⑥制订愿景和计划等；⑦制作传单和小册子等；

图 11 | 图 12
图 13 | 图 14

图 11　在项目开始的时候，首先要倾听当地居民的意见。通过造访逾百名居民的住宅和工作场所等方式，倾听了他们的话语，从而了解了当地的现状和人际关系等。同时和交流过的居民成了朋友。照片上是福岛县猪苗代町的"起点美术馆"项目当时开展的居民采访活动

图 12　在项目开始后，我们召集当地居民，到街区走动或者去活动预定地点参观。照片上是在北海道昭田町的项目中，和当地居民一起调查作为活动预定场所的中学所在地时的情景

图 13　在了解现场之后，就可以开始思考具体的活动内容组织化行动。和居民一同开展工作坊，推动共识达成、形成主体等。照片上是在新潟县十日町市的项目中开展的工作坊活动

图 14　在项目的关键点上要有能够归纳项目的成果和报告书等。这种归纳需要项目的负责人始终如一推动项目发展。如果采取了分工的方式，那么项目前期的居民采访中感受到的和实地调查中发现的，以及在工作坊中提炼出来的一切往往就无法体现在后期的成果和报告书等中了

⑧将居民的社区组织化；⑨将事件结构化总结；⑩管理时间表和预算等。这些不再交给在行的人，而是自己一个人来实现，从而不仅可以获得项目最终顺利推进时的充实感，还能成为在项目最水深火热的试错过程中的动力源。

人不只是为财而活

如前文所述，罗斯金的思想始于美术批评，解说了自然和人类等的内在价值的重要性，找出了过去的建筑中蕴含的劳动的价值，并且重视创造一个能够让人们从工作中找到喜悦的社会。罗斯金在写完《现代画家》《建筑的七盏明灯》《威尼斯的石头》之后，又写出了《时至今日》这本经济学相关书籍。

罗斯金在这本书中批判了古典经济学。因为古典经济学认为人类只是贪婪的机器。假设一个非常简化的人的方式便于经济学中考虑事物规律，但是实际上人类却不是那么简单的。人并不都是为财而活，也有些人在从事社会活动，还有人一直在做自己无法获利的事情。古典经济学并不能解释这些人的感受和热情。然而，这对于人类往往正是非常重要的感情。也就是说，古典经济学是不考虑人类最为人类的一面的学问。

前文提到"在劳动中发现喜悦"的价值在古典经济学中几乎是微不足道的。然而只要我们还在工作，这一点就非常重要，可以说是与生存方式息息相关。

这一点也与社区设计的基础有关。如果人类是"不断追求富有的存在"，那么"连接人与人"的社区设计的目的就变成了只有"连接到一起的人如何赚钱"一条了。而我们所想要相信的并不是这一点。而是期望可以找出赚钱以外的价值，期望人们可以为了营造更为适宜生活的地区而行动起来。在这种意义上，社区设计基于的是罗斯金的经济学而不是古典经济学。

扩大内在价值的经济学

罗斯金的经济学基于他自《现代画家》以来就一直重视的内在价值。每样事物都有自己的内在价值。即便是能赚钱的行为，如果会降低它们的内在价值，那就不应当去做。如果一项设计或者开发会降低自然和人类所具有的内在价值，那么也不应该去做。在运用天然材料制造某样东西的时候，必须要制造出能够扩大自然具有的内在价值的东西。

罗斯金曾感叹工业革命后英国充斥着廉价陈腐的商品。这些商品从结果上来看无疑降低了原料的内在价值。换句话说，就是做了不该做的造物行为。罗斯金认为必须要发明一种能催生精神价值和文化丰富的、重视"富足"的经济学，来取代拥有大量财物的"富有"的概念。

这种想法与社区设计的目的一致。我们不认为可以一举改变日本全国的价值观，所以想要一个地区接一个地区去催生能够重视"富足"的社区。社区设计中串联在一起的人们必须要考虑三件事：①自己想做的事；②自己能做的事；③地区需要的事。在考虑以上三点的同时制定计划，并在力所能及的范围内实行。自己想要做的事情自然会利用工作以外的时间开展，自己能做的事情可以继续做下去。活动持续开展下去就能逐渐满足当地的需求，也会得到居民的感谢。被感谢后愉悦的心情也更能激励自己投入下一个活动中吧。

在这样的活动中聚集起来的人们怎么看都不是"只是为了赚钱而聚集在一起的人"。大家在分享传统的经济学中未曾计算的价值的同时生存下去。基于这种品质富足而诞生的经济学可能还有很长的路要走。但我认为罗斯金经济学在现代的继承者值得期待。

重新思考罗斯金经济学的时代

如上所述，罗斯金所设想的理想的人类不只有为财而动一种类型，也包括乐于助人的人。并且罗斯金认为后者才是富足的生存方式。

《时至今日》第四卷第 77 节中有一句很了不起的话："人生就是财富。人生包含了爱的力量、喜悦的力量、赞美的力量。最为富足的国家应当是能够养育诸多富足的人的国家。最为富足的人应当是最大限度发挥自己人生的功能、通过人格和财物两方面对他人的人生产生最好的影响的人。"我想援引这句话，对我们从事社区设计的现场的相关居民们表达"去成为对他人的人生产生最好的影响的人吧"的期望。并且我也经常对 studio-L 的工作人员说这句话。我们想要最大限度提升自己的人生价值，在社区设计的现场持续给遇到的人带去最好的影响。

可惜的是，罗斯金的经济学被揶揄为荒唐的谬论，除了某段时间以外，很少被经济学家认真对待。然而，现在是重新认真探讨罗斯金经济学的时代了。真正的富足是必要的，人类的幸福显而易见地也不由财物的多少来决定[3]，把人连接起来构成地区社会的活动如今正在开展，我认为是时候重新思考罗斯金所考虑的经济学了。

注：

[1] 罗斯金于 1819 年 2 月 8 日生于伦敦亨特街 54 号，是约翰·詹姆斯·罗斯金和玛格丽特·罗斯金的独子。他的父亲是一位富有的商人，也是一位美术收藏家。母亲是虔诚的新教徒，希望他的儿子能成为国民教会的主教。

[2] 1836 年，罗斯金发表论文支持透纳以驳斥杂志的评论家。但依透纳本人的希望未投稿。1842 年，批评家再次严厉批评了透纳的作品，因此罗斯金就做出了出版《现代画家》的决定。

[3] 美国的哈佛大学于 1938 年开始的“格兰特研究”明确表明，健康幸福的人生中必要的要素并非金钱或者名声，而是优质的人际关系。拥有优质的人际关系的人的人生相对更为健康幸福，也更为长寿。

专栏

从罗斯金的晚年中学习

晚年的罗斯金

● 晚年在哪里度过

人一旦年过不惑之后，就会开始考虑自己的晚年应该在哪里度过了。想来非常不可思议，明明之前从来没有思考过，现在却隐约开始考虑晚年的生活方式了。

在市中心和伙伴们热热闹闹过日子如何？到乡村去，在自然环绕中悠闲度日如何？在市郊坐拥一小片田地或者庭院，想去市区就可以随时到市区去怎么样？在宽阔的土地上建造一个宽敞的住宅住进去怎么样？还是说只需要一个小而朴素但是干净的宅子住下即可？工作是应该干脆全部放下呢，还是在享受的范围内慢慢继续做下去？每一个问题都是两难。

越是烦恼，过去的事例越是涌现出来。历史上名人的晚年又是怎么度过的呢？对了，罗斯金的晚年是什么样的呢？

罗斯金出生于伦敦，在伦敦长大，长期居住并活跃在这个城市里。然而，在52岁时兼有疾病疗养的缘故，他搬迁到了湖区的一个名为科尼斯顿（Coniston）的村庄。晚年就在此度过。

那么罗斯金决定要度过晚年的科尼斯顿是一个什么样的地方呢？他在那里过着什么样的生活呢？我对此颇有兴趣，于是便造访了英国的科尼斯顿。

● 布兰特伍德

科尼斯顿是位于湖区的科尼斯顿湖畔的村庄。村庄的中心位置有一个旅游咨询中心，前方经过的道路被命名为罗斯金大道（Ruskin Avenue）。与罗斯金大道平行的通往湖的道路是湖路（Lake Road），沿着这条道路有一所约翰·罗斯金学校。靠近村庄中心有一座罗斯金博物馆，它的后方是罗斯金曾经经营过的科尼斯顿会馆。

旅游咨询中心附近有个教区教堂，罗斯金的墓地就在其中。科尼斯顿可以说是一个充满了罗斯金历史的村庄。

罗斯金晚年生活的住宅位于村庄中心，湖的另一侧。那一片被称为布兰特伍德（Brantwood），罗斯金的住宅就建造在这里的小丘上。罗斯金当时只是听了一句"布兰特伍德小丘上的住宅正在出售，是个依山傍水的好地方"，就在没有见过实地什么样的情况下支付了 1 500 英镑买下了这处住

宅[1]（图 1）。

罗斯金买下这里，实际到访后发现住宅和自己所想一样，便心满意足。如今观光客造访这处宅邸，依然可以看到引人入胜的美景。爬上通向山丘的缓坡，罗斯金的旧宅就在眼前。现在进入住宅已经不走正门玄关了，而是从后侧厨房附近的后门进入。从这里看出去的景色棒极了。罗斯金口中的"老头"山和科尼斯顿湖一望之下尽收眼底（图 2）。

从后门进入宅邸后，马上就能看到一个小商店。这里出售的小册子读来让人惊讶。这个宅邸是什么时候由谁建造的，然后又转手给了谁，如何扩建，全都翔实在册。英国真是一个厉害的国家啊。小册子内容概述如下：

图 1 科尼斯顿村，是一种叫板岩（slate）的薄石材的产地，村庄里大量使用了板岩

图 2 罗斯金宅邸的后门看到的风景。可以看到山川湖泊

1797 年，托马斯·伍德维尔（Thomas Woodville）首先在这片土地上建造了小屋。这个小屋于 1823 年被塞缪尔·哈灵顿买下。1827 年被安·科普利买下，1830 年由她的女儿继承。1845 年，安的女儿去世后，受托人决定将房屋租给乔赛亚·哈德森（Josiah Hudson）。1853 年，威廉·詹姆斯·林顿（William James Linton）买下这处住宅。在林顿远渡美国之后，这处被他一点点扩建起来的住宅就在 1871 年，如前文所述，在尚未实地考察的情况下被卖给了罗斯金。那时候，罗斯金52 岁。

买下了布兰特伍德的住宅的罗斯金和他的表亲琼·赛文（Joan Severn）及其丈夫亚瑟·赛文（Arthur Severn）一起生活。琼日常照顾罗斯金起居，她的丈夫阿瑟则作为画家继续创作活动。如今的布兰特伍德虽然已经是一个有着 30 多间房间的豪宅了，但是在罗斯金刚买下来的时候是个只有 8 间房间的普通住宅（尽管如此，也已经很宽敞了）。罗斯金虽然满足于这样规模的住宅，赛

文夫妇却用罗斯金的钱购买了更多土地，扩建了住宅（图 3），花了 50 年时间将其改成了豪宅。

图 3　左侧是罗斯金，右侧是琼·赛文

罗斯金搬到科尼斯顿后，访客络绎不绝。除了有围绕着拉斐尔前派活动的伯恩－琼斯夫妇、威廉·霍尔曼·亨特（William Holman Hunt）等之外，还有工艺美术运动的旗手沃尔特·克兰，生物学家查尔斯·达尔文也三次登门造访。即便搬到远离城市的地方居住，老友还是会频繁造访，所以生活也相对愉快。只不过罗斯金坚决禁止访客在自己的宅邸中吸烟，来访的友人似乎不得不下山到湖畔抽烟了。

● 罗斯金宅邸

让我们来看看宅邸内部。从正面玄关进入，首先映入眼帘的

是玄关大厅。大厅的左侧是旧餐厅，深处连接着厨房和后门。

并排在玄关大厅右侧的是罗斯金的工作室和书房（图4、图5）。工作室里摆放着据称是罗斯金在大学授课时使用到的巨大的花草图片杰作[2]。书房内摆放着罗斯金使用的书桌及保管绘画用的档案柜。罗斯金把装饰宅邸墙面的画作都放在档案柜中

图4　工作室，展示着罗斯金在大学课程上用到的巨幅绘画

保管，据说是会定期拿出来换着挂的。档案柜中除了罗斯金自己的画作之外，还有威廉·透纳和拉斐尔前派的作品。书房里有四个书橱，罗斯金把藏书按书橱分类摆放。两个窗口之间是博物学和植物学的书橱，暖炉左右分别是参考书和历史书的书橱[3]。

书橱后面是个餐厅，是一个从飘窗能看到秀丽的山水的房间[4]。中央摆放着可供十人就餐的餐桌，墙面上挂着5岁时候的罗斯金和双亲的画像（图6）。旧餐厅位于厨房边上，新餐厅和厨房稍有些距离。想必这个餐厅是招待客人的时候用的。

总而言之，这个宅邸的一楼经过设计，使得正面玄关进入后

图5　书房。左侧书架上按顺序摆放着博物学、植物学、参考书和历史书。前方是罗斯金的桌子。中央的档案柜里放着装饰墙面用的绘画

图6　餐厅。墙面中央挂着罗斯金年幼时的画像，左右是双亲的画像

左侧全都是私人空间，右侧都是公共空间。而另一方面，二楼则有两个卧室，一个是罗斯金的卧室，另一个是宾客的卧室。两个房间左右对称，似乎在罗斯金失眠的时间里，两个房间也会替换着使用。两个房间的靠床墙面都挂着大量透纳的画作（图7）。

以上就是罗斯金使用的空间了。值得一提的是，布兰特伍德除此之外还有20多个房间，这些全都是他的表亲赛文夫妇使用罗斯金的钱扩建的。丈夫亚瑟·赛文在宅邸中间建造了一个宽敞的工作室。表亲琼虽然照顾着步入晚年的罗斯金的起居，但是在罗斯金去世后就把住宅内的遗物一件一件出售了。这就导致了罗斯金的作品四处分散。幸运的是，其中大部分被信奉罗斯金的怀特豪斯（Whitehouse）买下。实际上，这个布兰特伍德宅邸也是他买下来的，为了让更多人参观学习而开放出来。

● 教授的庭院

紧贴着罗斯金宅邸边上的就是"教授的庭院"。据说是罗斯金自己建造的，石墙和长凳是用当地的板岩堆叠而成的（图8）。植栽是菜园风格，以种植了大量生活上用得到的植物为特点。对罗斯金来说，这是个可以收获到一个人自给自足需要的食物的大院子。同时因为自己一个人可以做的事情有限，这也是一个可以和人合作学习的庭院。在庭院里劳作的时候，抬头就能看到美丽的山和湖，颇为美好。

图7　卧室。透纳的画作挂满了墙面

图8　教授的庭院。板岩石制的椅子还留在那里

● 罗森公园

布兰特伍德不远处有一个叫作罗森公园（Lawson Park）的地方。艺术家团体格里兹达尔艺术（Grizedale Arts）将罗森公园作为活动据点。他们参加了 2006 年在日本越后妻有大地艺术祭活动。罗森公园虽说是公园，但基本上是山林。艺术家们稍微开拓了一下，种起菜、堆起石墙、采集蜂蜜，甚至还养了猪。在此空间里，艺术作品随处可见（图 9）。

图 9 格里兹达尔庭院。像菜园一样种着各种蔬菜

格里兹达尔艺术团体用作据点的建筑是扩建当时已经破败不堪的石头堆砌小屋（图 10）。小屋设有厨房、餐厅、起居室和图书室。此外，边上的黑色建筑可以用来烧制陶器。园内木结构立方体的小屋内也可以体验陶艺（图 11）。

图 10 格里兹达尔艺术中心。以图中间外墙的雨水管为界，右侧是旧砖石堆砌而成，左侧是扩建部分

格里兹达尔艺术团体的卡特丽娜女士带领我们游览了公园，并且使用家庭菜园中采摘的蔬菜制作了沙拉和意大利面等招待我们。我们在餐厅用餐时，在餐厅的架子上发现了罗斯金牌香烟，似乎是当时在美国售卖的香烟。上面印着最讨厌抽烟的罗斯金画

图 11 陶艺小屋。小屋如同横跨在小河上方的桥梁一般，地板的一部分留有孔洞，可以从这里积聚流过的河水

像（图12）。如果他自己看到的话，又会作何感想呢？

中心内有供艺术家住宿、制作作品用的房间。各个房间装修风格有别，其中之一是贴着威廉·莫里斯的"柳树壁纸"的房间。供客人使用的睡袍有三件，分别在背面绣有"UNTO""THIS"和"LAST"单词（图13）。也就是罗斯金的名著《给未来者言》（*Unto This Last*）的三个单词。

图12 格里兹达尔艺术中心里的"罗斯金牌香烟"

● 罗斯金博物馆

科尼斯顿的山脉富藏板岩，所以这片区域总体上而言使用板岩建造的建筑比较多。住宅周围一圈石墙也使用板岩堆叠而成，田野中的砖石和牧场的篱笆也使用板岩堆成。

由于这里自古以来板岩加工产业繁盛，所以罗斯金也劝说居民们从事板岩手工业。为此还把自己的藏书和绘画等拿给他们看，使得当地人制作出来的工艺品的品质也得到了提升。此外，罗斯金自己也喜好矿石，年少时就收集矿石作为"山峦的碎片"，在科尼斯顿见到了各种矿石更是增加了他的藏品数量。

罗斯金博物馆就以浅显易懂的方式展示了这些（图14）。这

图13 留宿者使用的长袍上刺绣着罗斯金《给未来者言》的三个单词"UNTO""THIS""LAST"

图14 罗斯金博物馆内部。除了板岩和当地的事物，还展出了与罗斯金有关的物品

个博物馆展览了科尼斯顿的板岩产业和拉斯基的兴趣如何融合在一起。当地的历史和罗斯金的藏品也可在此一见[5]。

● 科尼斯顿会馆

罗斯金博物馆的后面是科尼斯顿会馆。这是罗斯金向当地劳动者授课的地方，据说也是他学习的地方。现在由格里兹达尔艺术团体管理（图15）。

会馆的正面右侧是图书室，左侧是欧内斯特商店（Honest Shop，或者也可以翻译成"诚实商店"吧）。正如名字的意思，是一个依赖购买者诚实付款的无人商店。这里摆放着当地人手工制作的杂物，购买者在笔记本上写下购买的商品，然后把钱放在箱子里。这里也出售格里兹达尔艺术团体制作的陶制罗斯金脸的存钱罐。想必是在罗森公园的陶窑里烧制出来的，做工有些粗糙，价格是7英镑。换算成日元大约是1 300日元 *。当然可以考虑作为纪念品购买。

往里面走是集会场所。当地的市民活动团体会聚集在这里，架子上摆放着各个团体的介绍物品。格里兹达尔艺术团体的架子也在这里，摆放着他们的作品和陶制的罗斯金脸存钱罐（图16）。

继续往里走是厨房和礼堂，会供应餐食，也能举办演讲。这些空间在罗斯金搬到这边来的时候就有了，至今也保持原样。可以想见晚年的罗斯金和当地人积极交流的情形（图17、图18）。

图15 科尼斯顿会馆，包含图书室、商店、会议室和礼堂等

图16 在欧内斯特商店里发现了罗斯金头像存钱罐

* 本书出版时约合70元人民币。——译者注

图17 科尼斯顿会馆的会议室

图18 科尼斯顿会馆的礼堂

● 罗斯金的墓

1900年1月20日，罗斯金在布兰特伍德与世长辞。科尼斯顿村庄中央有个教区教堂，也就是当地的教堂。罗斯金就埋葬在这个教堂，罗斯金的墓在这个教堂的背侧。他的墓和当地人的墓混建在一起，并没有什么特别之处（图19）。

清扫了罗斯金的墓地后，在祈祷的时候我想到了：罗斯金构建的思想给英国全国带来了莫大

的影响，他的信奉者遍及全世界，晚年就在美丽风景围绕的科尼斯顿的住宅中度过。据说，罗斯金在布兰特伍德每天要写不下二十封信。他在这里与世界各地的徒弟们书信交流，偶尔也会有访客从伦敦过来。有时候他也会前往科尼斯顿的中心街区，在科尼斯顿会馆给当地人上课，一起思考工作的方式。

罗斯金对村里的劳动者们似乎是这样说的："相比竞争，合作更为重要。"和他人竞争，人的欲望就会渐渐高涨，就会驱使他人劳作、榨取环境资源。这样可持续的未来就无从谈起了。但是与他人合作，渐渐就会尊重对方，构筑起丰富的人际关系。这就是在宣扬社区的重要性。

图19 在罗斯金墓前祈祷。墓碑设计者是罗斯金的徒弟兼朋友柯林伍德

他还对当地的劳动者们说过："碳可以变成煤炭或者钻石，人也是一样的。不经过历练，就会变成煤炭。那样的话只能被燃烧殆尽，成为工业革命的劳动力。而你们努力了就可能变成钻石。"

● 晚年是如何度过的

罗斯金的晚年看起来非常幸福。

在城市里度过热热闹闹的晚年也不错，不过像罗斯金这样和村庄的人们细致入微交流的晚年也充满了魅力。这样就可以被亲近的人围绕，和他们交流，和他们埋葬在一起。人不可能一直在满世界奔波，四处工作，在人生的最后阶段要在什么样的社区氛围里度过呢？我认为从"临终社区"的形象出发考虑晚年的生活方式也是不错的。这样一来，想要住的地方就会浮现在脑海中，住宅的房间数量、布局及庭院的式样等，都会浮现出来。

于是不知不觉中，晚年就变得幸福起来了。我停下写书的手抬起头来的时候，作为纪念品从英国买来的陶制罗斯金头像存钱罐正从书架上盯视着我。晚年生活我当然一定会带着你同行的。

注：

[1] 罗斯金幼年时随父母到访过科尼斯顿。他当时就喜欢上了这片土地，所以晚年住处就选择了这里。此外，罗斯金敬仰的威廉·华兹华斯（William Wordsworth）也曾生活在科尼斯顿。这点可能也有影响。

[2] 据说罗斯金在授课时会把自己绘制的巨大绘画两幅并在一起讲解。可以说这是在没有投影仪和 PowerPoint 的年代，他为了尽可能多地展示对比实物而想出的方法。

[3] 晚年的罗斯金在这个书房书写了自传 *Praeterita*，在拉丁语中是"往昔"的意思。这本自传正如罗斯金本人所写，是对有趣的回忆的娓娓道来。

[4] 餐厅的飘窗上安设有烛台。晚年的罗斯金时常造访住在湖对岸的朋友柯林伍德且聊到深夜。因为柯林伍德会担心深夜划船回到对岸的罗斯金，所以罗斯金在回到家里时会在餐厅的烛台上点上蜡烛告诉他，自己平安无事。

[5] 罗斯金博物馆是在罗斯金去世后，由成立了国民信托的拉恩斯雷牧师和奥克塔维亚·希尔共同发起设立的。

第二章

威廉·莫里斯

（William Morris，1834—1896）

受到罗斯金的影响，为工艺美术运动奠定了基础。后半生致力于社会主义运动，经常提到社会改革。照片是由伊里奥特与弗赖伊工作室拍摄的时年 43 岁的莫里斯。

莫里斯的实践和社区设计

学习设计的人应该对威廉·莫里斯有所耳闻。对室内设计感兴趣的人可能会以为莫里斯是壁纸设计师。莫里斯所设计的壁纸和纺织品等，如今也颇具人气，召开展览会时吸引了相当多看起来颇有品位的女性参观者（图1）。

图1　1887年发布的壁纸"柳枝"。莫里斯虽然设计了许多壁纸，但这个图案是最有名的。这是莫里斯观察他的别墅凯姆斯柯特庄园（Kelmscott Manor）附近的河流沿岸的柳树而生的设计

莫里斯是活跃于19世纪末的设计师、诗人、作家、画家、翻译家、园艺师、古建筑保护者、自然环境保护者、社会主义活动家、旧书收藏家和出版发行人，是一个成就了相当多事业的人。我对莫里斯产生兴趣，是因为他是个在多个领域活跃的人，并且曾师从约翰·罗斯金。

如果对第一章罗斯金的认知，我自作主张信奉19世纪的

批评家罗斯金为师父。于是对我来说，莫里斯就成师兄了。尽管年龄差了140多岁，但我又自作主张认定他是我的对手。莫里斯是把作为理论家的罗斯金的想法继承下来付诸实践的人。在实践社区设计的过程中，我从罗斯金的思想中学习良多，也从师兄莫里斯那里学到很多。因此，下面我就想总结一下莫里斯的实践与社区设计之间的关系。

与伙伴的邂逅

　　莫里斯生于1834年，殁于1896年[1]，比罗斯金年轻15岁。成长于伦敦郊外绿树环绕的大房子里的莫里斯，从孩童时代开始就被自然与书本环绕。然而，莫里斯13岁那年，他的父亲就去世了。成年之后的莫里斯每年都会收到分割继承遗产。

　　他18岁时进入牛津大学学习神学，原本考虑将来成为神职人员，但遇到了各式各样的人后就走上了设计之路。他从事实际工作之后曾说过想要建造一座修道院，因此基本上可以说他还是一个一直在思考怎样创建一个人人都能幸福生活的社会的人。

　　他的大学时代发生了几件重要的事情。一件是遇到了以成为画家为目标的好友伯恩·琼斯（图2），另一件是读到了罗斯金的著作[2]。此外，他还与罗斯金赞扬过的拉斐尔前派画家有过交流[3]，受到伯恩·琼斯和拉斐尔前派的中心人物罗塞蒂（图3）等人的影响，莫里斯决定要成为一个建筑师而不是一个神职人员。

图2　莫里斯（右）和伯恩·琼斯（左）。画家伯恩·琼斯是莫里斯大学时代的朋友，把拉斐尔前派的罗塞蒂介绍给了莫里斯

图3　罗斯金（左）和罗塞蒂（右）。罗斯金对拉斐尔前派的作品体现了自然原本的方式赞赏有加。罗塞蒂是拉斐尔前派的领军人物

　　22岁大学毕业后，莫里斯在G·E·斯特里特的工作室工作。在此遇到了首席建筑师菲利普·韦伯，并感到志同道合。莫里斯一边在设计事务所工作，一边和伯恩·琼斯等友人一起创办杂志。在这段时间内发表了诗和小说等[4]。最后只在建筑事务所工作了9个月。其后和伯恩·琼斯一起生活了一段时间，与罗塞蒂以及他的伙伴们一起从事家具制造和室内装潢的工作等（图4）。

　　莫里斯的婚姻成了他和这些伙伴们一同活动的契机。莫里斯在25岁结婚时，用继承的遗产自己建造了住宅（图5）。韦伯为其选择了建造地点，并为其设计了住宅。家具的制作和室内装潢的施工是莫里斯自己完成的，而罗塞蒂和伯恩·琼斯等好友提供了无偿帮助。

图 4　面向红狮广场（Red Lion Square）的住宅。莫里斯和伯恩·琼斯在这里共同生活过。借住此处的罗塞蒂去世后，莫里斯等人就租下了这里。所以罗塞蒂及经罗塞蒂介绍的罗斯金也曾造访此处。罗斯金负责附近的工人大学周四晚上的课程，所以这一天经常往来莫里斯等人的住宅

图 5　现在的红屋（The Red House），是莫里斯和简结婚时开始建造的住宅。在建造过程中，拉斐尔前派的伙伴们也帮了忙。虽然莫里斯夫妇 1860 年时搬到了红屋居住，但是 1865 年就又搬到了伦敦。据说当莫里斯夫妇搬走时，他和朋友们一直在不断创作的红屋的内部装修还没完工

莫里斯在建造住宅时出入商店挑选家具、壁纸和纺织品等，但是他在伦敦并没有找到想要的精美实用的商品，因此感到颇为失望。过去工匠花费一整天时间精心制造的产品在当时的工厂里一天可以生产1 000件。然而，往往品质低劣，没有一件是莫里斯愿意放进自己住宅里的。这个情况和伙伴们亲手建造的住宅相结合，就成了他们成立一家只经营精美实用的商品的公司的契机。

莫里斯在27岁时，与韦伯、伯恩·琼斯、罗塞蒂等当时帮忙建造了自己住宅的8名伙伴一起，成立了莫里斯·马歇尔·福克纳公司。虽然每人当时只出资1英镑，但是由于莫里斯的母亲拿出了100英镑，公司实质上是莫里斯的。公司所经营的商品以建造莫里斯的住宅时所必要的东西为主，包括家具、壁纸、纺织品、玻璃制品、彩色玻璃和刺绣制品等，全都是精美实用的商品，反映了莫里斯"对这个家没有用的东西和感觉不到精美的东西都不需要"的想法。

我成立社区设计相关的公司studio-L时，莫里斯他们当时的活动给我提供了很多参考。成立"设计人和人的联系的公司"这样一个不传统的公司，首先就是要和能够信任的伙伴们一起全身心投入一个项目中，从互相理解各自的特点开始。就我而言，这个契机是2001年成立的"生活工作室"非营利活动[5]。以大阪府堺市为对象，不断重复田野工作和原型开发，并讨论了对于堺市的未来的具体设计，尽管当时并未受到任何委托。还模仿莫里斯他编撰出版了《环境生活》。这样的活动也可以说是我们的游戏吧（图6）。

此后，我们就接到了在堺市认识的商店街的人们的委托，

图6 和"生活工作室"的成员一同编撰《环境生活》。这是一本汇总了我们给堺市的环濠地区的提案的手工制作的同人志。我们把它放在环濠地区的各个地方，让居民可以读到我们的提案内容。之后我们也和环濠地区的商店街一起举办了活动

设计看板和网站等。当时我还在建筑事务所工作，所以同时从事活动的时间有限。为了参加活动，伙伴们几乎把所有的空余时间投入了进来，用到这个"依样画葫芦的社区营造活动"中。经过5年时间非营利活动之后，我们都辞掉了原来的工作，5个人一起成立了studio-L[6]。所以我非常理解莫里斯他们的做法。他们也是在建造莫里斯自己的住宅时，不仅明确了"我们应该做什么"的愿景，还同时了解了"谁擅长做什么，谁能够不睡觉连续工作，谁和谁比较合得来"等相当实际的战略问题。

莫里斯的公司中只有两个人是有固定薪水的，其他5个人都是按劳支付[7]。当时罗斯金应该是重审了中世纪行会的工作方式才这么决定的吧。由罗斯金自己发起的圣乔治行会并没有持续很久，但是莫里斯成立的行会形式的公司却在伦敦世博会参展并获得了两枚奖牌，收到了大量订单。studio-L作为社区设计行会，5个人在创业时全都是按劳计薪付酬，毫无疑问是受到了罗斯金的行会获得的赞誉的影响，但必须要说是从莫里斯公司的成功上获得了切实的勇气。

赋生活以美

美是生活中不可或缺的。深信这一点的莫里斯相当重视艺术。不过莫里斯设想中的艺术却极为广泛。"我想从更宽泛的含义上解释'艺术'这个词。不只是限于绘画、雕刻和建筑等所谓的艺术作品，生活中必需的各种物品的形状和颜色，甚至村庄、牧场和田野的布局，以及街道和道路等，也都是艺术。换言之，我希望能把生活中的一切都视为艺术。"莫里斯如是说。

但是，公众还是会感到艺术高高在上。于是，为了方便起见，莫里斯把放在美术馆等地方的作品称为"大艺术"（art），把生活中随处可见的美的事物称为"小艺术"（craft）。而他也强调自己更为重视和生活息息相关的小艺术的美。小艺术后来也被称为装饰艺术、生活艺术、民众艺术，在日本作为"民艺"和"工艺"两个词为人所知。

那么小艺术具体是什么呢？莫里斯所设想的小艺术有住宅和房屋的涂装、家具制造、闲暇时的木工、陶艺、服饰制作、料理等。莫里斯认为："小艺术能把人们必须要使用的物品化成能愉快使用的物品，并且还能把必须要制造的物品化成令人愉快制作的物品。没有这种艺术，我们的生活就会变得无聊，劳动就会变成单纯的忍耐的活动了。"可以说，这种思考方式是在罗斯金于《哥特式的本质》中提出的"中世纪的工匠们在从事建造、装饰工作时也享受创作的快乐，所建的哥特式教堂也充满生机"的观点上发展而来的。

赋工作以美

莫里斯还认为，无聊的劳动可以通过努力升华成为艺术行为，并呼吁"让劳动发展成为民众的艺术，让无聊的劳动、消磨身心的奴役终结吧"。这个观点也适用于现代劳动。那么工作应该怎么转变成令人愉快的事情呢？又如何转变成美好的事情呢？如果能够享受这种创意功夫，那么工作也会发射出未曾有过的光芒。莫里斯认为"劳动有两种：使生活变得充满乐趣和光彩的劳动，以及变成生活的重担的劳动。一种劳动包含着希望，而另一种则没有。前一种劳动是符合人类天性的，而拒绝后一种劳动才是符合人类天性的"，指出了艺术使生活变得愉快的劳动是必不可少的。这种思考方式也传到了日本，宫泽贤治在把莫里斯介绍到日本时曾将这种思考方式描述为"用艺术点燃灰色的劳动"。

惭愧的是，我们的事务所目前还没能做到这一点。一些会议资料的布局可能不太美观，选择的字体可能不太合适。打印出来的资料的装订方式变得草率了。当要求扫描图像时，有些员工送来的扫描件水平方向都没对齐。或者背面一页的内容透过了纸面，亮度和对比度等都没有调整过等，有时候摩尔纹也没有去掉。就好像忘了 studio-L 是个设计师事务所了。简直是让人无地自容。虽然都是一些微不足道的事情，不过就是这样一个个工作上投入的精益求精的努力，不仅可以让自己享受工作，也可以提高满足感。虽然需要一点精力，也需要一点时间，但是习惯成自然，就会像神经反射一样能做好了。

我相信这样细致入微的工作的积累可以促成对自己工作的自豪感。

工作之美能够引人共鸣。通知工作坊开展的海报、传单和网站的设计，分发资料的布局，记录照片的构图，简报的文章等如果不美观，那么社区设计现场的参与者就会逐渐减少。站出来说话的工作人员如果毫无魅力，那么参与者就会感到无聊。大家一起用餐时，如果料理不够美味，那么在店里的时间就会付诸流水。在缺失美、愉悦、美味的社区设计现场，原本想要一起活动的居民的情绪也会逐渐萎靡。不要把这些事情看作是琐碎的事情，要尝试把美融入工作的每个地方。

赋市民活动以美

社区设计的现场聚集了很多市民。参加现场活动的市民很多都有别的本职工作。虽说是出于爱好的活动，但是美在这里也很重要。活动中包含有美的事物和美味的食物等，就会让活动变得更为有趣。活动变得更为有趣，就能持续更长时间，也就更能增加伙伴数量。

所以说，专业的设计师不仅要制造出美的事物。由专家制造出来的精美的海报、传单和网站等，市民只会感激并使用它们。虽然可能短时间内提升满足感，但是往往设计师一离开这片地区，活动也就戛然而止了。因此，重在让参与活动的市民能自己创造出美。

一旦自己可以制造美的事物，也就能够享受到这种反复试错的过程中了。平时会观察各式各样的设计，在旅途中也会寻找与自己活动相关的提示。有一种可能极端的说法，如果能够在活动中追求美，那么对于街区的看法也会发生改变。因为街区的硬件和软件层面都藏有很多线索，因此就会在寻找这些线索的过程中走出去与人交流。能以这样的方式来享受市民活动后，活动内容就会渐渐充实起来。

市民活动团队往往给人一种封闭的印象，可能是因为从外面看起来很难理解这个团体具体在做些什么吧。这时候把信息传播出去就很重要了。自己的目标是什么，谁在做，正在做什么等，需要把这些回答适当地传播出去。无论是通过纸媒体的方式，还是通过网站的形式，美都是非常重要的。不然被人评价"事情虽然做得不错，但是媒体太逊了"就太可惜了。既然大家是在做好事，就该用美的形式传播出去。这样不仅可以增加支持者的数量，还可以增加成员的数量。

市民活动中的美不仅是对于参与活动享受其中的人们重要，对于增加理解自己的人和伙伴等也很重要。诸如自己享受活动场所的更新，亲手制作美味的特产食物，并为其设计美观的包装等，市民活动团体本身可以走多远呢？制作传单、海报、网站和小册子来传播自己究竟创造出了怎样的美好事物。这种努力中蕴含着愉快，这种反复试错中蕴藏着提升团队凝聚力的机会。社区设计师到当地去支持市民活动，社区设计师应该一边思考如何不提供过分的支持，在保持平衡的同时，还要和社区打交道（图7）。

图 7 "濑户内岛之环 2014"中，市民活动团体使用的旗帜是市民自己用丝网印刷工艺制作的。确定设计时也以量产为前提。这是为了防止在没有预算的情况下无法向专业制造商下订单的情况发生。通过设计使其可以由居民自己批量生产，也就可以持续支持当地的活动

充分利用材料

那么如何成就精美的设计呢？对于这一点，莫里斯给出的诀窍是"充分利用材料"。"不要忘记你正在使用的材料。无论什么时候都应该尽其所能地运用它。如果你感觉到材料对制造产生了妨碍而不是提供了帮助的话，那么就是你还没有很好地掌握这份工作。"这很接近罗斯金的想法。正如前文所述，罗斯金非常厌恶降低材料价值的设计，认为降低自然内在价值的工作是浪费性的工作。虽然自己可能可以赚到钱，但是对世界

来说是有害的。

此外，罗斯金还认为，人才也是具有内在价值的，所以人与人之间尽可能以不降低互相的价值的方式合作很重要。他所提出并由莫里斯所继承的行会形式的合作组织就是一种使人的内在价值最大化的工作方式。从这个角度看，在社区设计现场的居民能够运用各自擅长领域的本领开展活动也很重要。也有不愿意一起参加活动的人们。例如，当地可能会有两个家庭"和那一家从江户时代吵到现在了"那样的情况。强迫这些人一起合作对于整个项目来说只会拖后腿，绝不会是个好主意。在推进项目的时候准确把握每个人的性格、癖好，不组错队降低每个人的内在价值也是社区设计师的工作。

找回小艺术

莫里斯所重视的小艺术意味着努力让生活的每一处变得更为美好。这种努力令人愉悦，并且不仅对于生活，对于工作和市民活动来说也是必要的。他也指出：为了产生美，充分运用素材十分重要。莫里斯所说的小艺术适用于家具制造、住宅涂装、街区建造和道路建设等广泛的范围。那么我们的日常生活又如何呢？一般来说，这样的小艺术不是都交给专家了吗？特别是街区建造和道路建设等，不是都交给政府机关了吗？不过我们可以用城镇相关的小艺术找回来的行为去解读"社区营造"这个词。

城镇交给政府和专家就意味着从自己的生活中放弃了小艺

术，令人惋惜。正是在这之中隐藏着生活的乐趣，隐藏着与人建立联系的契机。社区设计往往被理解为"设计社区的工作"，但是毋庸置疑，社区不是由任何人设计出来的。相反，把社区设计作为专业设计的相对概念来看待更好。也就是说，社区设计是"由社区来设计"的工作。社区中的人们相互合作投入社区营造中，开发土特产，催生有趣的项目。也可以认为这是将城镇的小艺术重新交到社区手上的行为（图8）。

因此，社区设计的目的不是削减政府机关的预算，也不是致力于把以往由政府承担的职责移交给社区的设计，而是作为家具制造和壁纸制作等的延伸，作为能够让道路建设和公园建造等更为有趣地推进的小艺术活动，是包括"非造物设计"的，作为催生项目、思考其极致的利用方式并实践而不仅仅是止步

图8 和岛根县隐岐郡海士町的居民们一起制作的综合振兴计划"岛屿幸福论"。照片中是为了开展居民提出的"海士人宿"活动，改造搬迁过来的托儿所的居民们。他们没有把社区营造交给政府，而是决定自己来做力所能及的事情

于造物阶段的行为。换言之，是致力于让每一个人都能享受生活的由社区发起的"生活改善运动"。

这样一来，每个市民就必须都要有身为艺术家的意识，应当成为小艺术家。小艺术家指的不是"小小艺术家"，而是"从事小艺术的人"。莫里斯认为，每一个人都应该成为艺术家。"运用自己的双手创造艺术作品的你们都必须是艺术家，并且是非常了不起的艺术家"。这一思想与印度的思想家萨提斯·库玛所说的"艺术家不应该是特别种类的人，反而应该说所有人都是特别的艺术家"，德国的艺术家约瑟夫·博伊斯所说的"所有的人都是艺术家。人不需要是画家、雕刻家、建筑师或者设计师，以及拥有特殊技能的手工艺者，仅仅作为一个人就可以被称为艺术家"是相通的。我们所从事的社区设计也继承了这一思想。

从绘画开始

随着社区设计相关的实践逐渐多起来，我们事务所也面临了必须培养更多工作人员的局面。此外，我在日本山形县的东北艺术工科大学开设了社区设计学科，作为学生时代开始有志于从事社区设计的人的实践和学习的场所。我向工作人员和学生表达的观点就是，无论何时都不要害羞，而要迅速地画出来。自己的思考和对方思考的东西用言语表达固然重要，但是在用言语分享需要花费时间或者有导致偏差的风险时，能够迅速变换表达形式，使用简单的草图来表达的能力是很重要的。

这时候稍有犹豫，交流的速度和准确性就会迅速下降。一定要赶紧画出草图，然后问对方"是不是这样的感觉？"并把话题推进下去。毕竟社区设计的基础是交流，就应该要掌握使用文字以外的轻松交流的技能。

莫里斯也强调过绘画的重要性。他曾说："不仅是作为学习艺术的手段，在艺术实践这个意义上，所有的设计师首先都要能够掌握细致地绘画的本领。实际上除了身体上有障碍导致不能绘画的人以外，每个人都应该掌握绘画的本领。不过，这里说的绘画并不是说要画成设计或者艺术作品等，而是作为达成目的的手段。换言之，仅仅是设计相关的一项普通能力。"那么如果要掌握绘画的能力，应该从哪里开始呢？莫里斯认为应该先从画人物开始。"最好的方法就是画人像。因为人体是比其他任何东西都更需要准确性的对象，没有画好的地方一眼就能看出来，然后就能纠正重画。"

基于这种想法，studio-L 和社区设计学科中都引入了让工作人员和学生绘制人物画像的练习（图 9）。当能够毫不犹豫地画出来的时候，就可以很快提出各种方案了。在总结工作坊参与者的意见时，可以在模造纸上绘制各种插画来补充表现，营造出趣意盎然的气氛。在工作坊结束后制作简报时也可以立刻做出一些设计并提出方案（图 10）。在文字和图画以外，也可以尝试使用照片和立体的物品来表达，从而开始进一步深化意见的分享方法。这样的气氛在工作坊会场洋溢起来后，前来参加的市民们就会开始使用模造纸绘制插画来表达。这可以让他们体会到别样的乐趣，会让他们更加享受到参与工作坊的过程中。这也正是在工作和市民活动中需要美和乐趣的原因了。

图9 东北艺术工科大学社区设计学科的学生正在接受绘画课程。尤其是在一年级的时候会学习画人脸

图10 滋贺县草津市的草津川遗址项目中制作的新闻报刊。为了能够让和项目无关的人们也能产生阅读的兴趣，进行了多次版面设计的讨论

 内文字: Newsletter

设立莫里斯公司

进入不惑之年后，莫里斯开始投入一个接一个的新事物中。其中之一就是解散了与伙伴们一起开设的类行会公司莫里斯·马歇尔·福克纳公司，然后成立了莫里斯公司（Morris & Co.）。虽然创办时的成员有几人离开了公司，但是实际上公司的经营一直都是莫里斯在负责，并且改成莫里斯公司后也没有太大的变化：继续设计制造高品质的商品。其出售以织物、染制品、编织品和布料等纺织品为主流商品。为了制作高品质的

纺织品，就需要自然光线充足的、明亮的工作坊和能够获取充足的水，以及染制品上使用的草木等的场所。莫里斯在47岁时找到了莫顿修道院的遗址，把工作坊搬迁到了那里。这里流淌的小河的水是软水，还有大量草木，是一片适合制作纺织品的土地。工作坊以纺织品为中心，也生产彩色玻璃和玻璃制品等。在这里持续生产的每一件商品都不是工厂机械生产出来的粗制品，而是精选素材，注重工匠的工艺生产出来的优质产品。

但是这时候莫里斯自己也心生矛盾。莫里斯曾经的理想是把人们生活中可以使用的所有东西都改变成美好的东西。所以才会精选素材，并试图通过熟练工匠的手工创造出高品质的产品。并且他还重视工匠自身在作坊的工作中是否能够享受创造美好的事物的小艺术。其他企业都持续在工厂里生产廉价的产品，而莫里斯却钟情于工作坊（workshop）而非工厂（factory）的形式。不过这样生产出来的商品价格难免高昂。最终莫里斯公司的顾客就只有富人了。

莫里斯说"人们过于追求购买廉价商品了。他们太无知了。他们不知道，也不关心制作者是否获得了相应的回报。制造商也一味试图压低价格，廉价低质的商品就不断涌入了市场"。莫里斯认为理想的买卖应该是公平交易和道德购物这种形式。为了实现这样的理想，需要改变的不只是商品的制造方式和工作方式，还必须改变社会的形式。莫里斯在这样的思考中逐渐转向了社会改革运动中。

设立古建筑保护协会

对于 40 多岁的莫里斯来说，第二个变化就是投入对中世纪以前的建筑的保护运动中。当时被莫里斯视作生活方式和工作方式上的理想的中世纪的建筑物的建筑的特征正在"修复"的名义下被大肆破坏。对这种景象表示担心的不只有莫里斯，他的师父罗斯金和托马斯·卡莱尔等也反对这样无意义的"修复"。中世纪建筑的装饰是伴随着工匠的快乐一同诞生的，罗斯金从这一点看到了价值，所以认为把这些装饰剥离再在同一个位置贴上干巴巴的无趣的装饰没有任何意义。这时候莫里斯就和罗斯金及卡莱尔一同设立了古建筑保护协会，向人们呼吁保护尽可能多的古建筑。然而讽刺的是，莫里斯公司所出售的优质的彩色玻璃就有很多用于这样的"修复工程"中。了解到这个事实后，罗斯金停止了用于修复中世纪教堂的彩色玻璃的出售。最终，彩色玻璃的销量减少到原来的三分之一。

古建筑保护协会旨在保护中世纪之前建造的古建筑，但随之该协会又发展出了"乔治亚集团"和"维多利亚协会"，投入保护中世纪以后建造的古建筑中。最近，据说还有"21 世纪保护协会"。设立了古建筑保护协会的莫里斯也参与协助了其他公共土地保护协会和卡尔协会等的活动，就这样一直到 1895 年国民信托诞生。如今国民信托是一个在全世界开展保护活动的团体，但是在莫里斯设立古建筑保护协会时并没有多少人愿意听一下他们的主张，历史悠久的遗产也挨个遭到破坏。教堂希望可以翻新建筑增加信徒，承包商要承担委托确保营收。所有这些想法一起导致了历史悠久的教堂在名义上的修复中失去了宝贵的建筑特征。对于莫里斯来说，这又是一个经济和社会的问题了。在此期间，莫里斯迅速投身到社会改革运动中。

社会主义运动

莫里斯公司的商品只能出售给富有的资本家，古建筑遭到资本理论的破坏，这一切都导致莫里斯对资本主义产生了怀疑。莫里斯在42岁时设立了东方问题协会，从事会计工作。45岁时参加了全国自由主义同盟担任会计委员。49岁时参加了亨利·海德门领导的社会民主同盟，成为执行部的一员。这时候，他读到了卡尔·马克思的《资本论》，开始摸索社会主义的可能性。其后由于海德门过度执迷于往国会输送议员，莫里斯和马克思的女儿艾琳娜·马克思一起推出了社会民主同盟，并创立了社会主义同盟。但是又由于该同盟中无政府主义论人数的增加而退出，建立了哈默史密斯社会主义者协会（图11）。

这时候莫里斯开始思考"以实现和平的社会为目标的社会主义者们在组织内如此反复斗争和分裂太不正常了"。于是他就执笔书写了《乌有乡消息》*，在书中用故事的形式描绘了自己想象中的理想的社会。书中描绘出来的乌托邦传到日本，

---

* 英语原著名 *News from Nowhere*，日语译名『ユートピアだより』直译为《乌托邦来信》。——译者注

图 11 哈默史密斯社会主义者协会的集会照片。第二列的右边第三位就是莫里斯。前排中间穿着明快服饰的女性就是莫里斯的女儿梅（Mary "May" Morris）。梅的左侧第二人是姐姐珍妮（Jane Alice Morris，即 Jenny）

成了宫泽贤治想象中的理想乡 IHATOV* 的原型。此外，宫泽贤治的罗须地人协会** 据称也是源自"罗斯金协会"***，是他对罗斯金和莫里斯的思想及实践的反复介绍。

---

* 日文原文 イーハトーブ，罗马音 IHAATOOBU，为宫泽贤治创造的生造词，–OV 结尾据称源自俄语地名常见结尾。——译者注

** 罗须地人的罗马音为 RASUCHIJINN。——译者注

*** 罗斯金的日语译名罗马音为 RASUKINN。——译者注

莫里斯的理想社会

那么莫里斯所设想的理想社会是什么样子的呢？在《我为什么成了社会主义者》《未来的社会》等演讲中，莫里斯描绘了理想社会的样子。首先理想社会没有贫富差距，也没有资本家和工人，没有人怠工，也没有人过劳死。每个人都平等地工作，互相合作着生活。产出的财富为整个社会共享，美好富足的生活也得以实现。社区之间互相合作而不是竞争，而他们的合作形成了共和国。

作为理想的政府职能部门的一个单位，是能够对市民生活中每一个细节都能关心负责的小型单位。然后我们的目标不是要把自己的生活完全托付给国家，而是自己合理经营社区，实现理想的生活。

在这样的社会中，莫里斯理想的以"愉快的有意义的劳动"和"美好的生活环境"两者为基础的幸福生活就得以实现。莫里斯呼吁"能感受到美并且能够创造美的生活才令人欣喜。让我们来创造这样一个把这一点发挥到极致如同每天吃的面包一样寻常的社会吧"。像是做饭这样的生活基本行为不应当交由别人来代为处理，而是会享受其中的乐趣，倾向于自己身体力行。因为在莫里斯所设想的理想社会中，每一个人都是自由的。如同自己必须要自由一样，别人也一样必须自由。在资本主义社会中，会认为将麻烦的工作交给别人来做能够提升效率。然而在莫里斯理想中的社会则更为推崇那种不吝啬自己投入精力并转化成喜悦的生活方式。唯有推进能够让生活的方方面面的行为变得美好的小艺术的，才是莫里斯理想的生活和社会。

分工和劳动的机械化

所以，莫里斯和罗斯金一样厌恶分工这一形式。此外，他还厌恶把分工后的工作转移到只能生产粗劣产品的机器上。亚当·斯密在《国富论》中曾推崇分工这一形式。他把劳动视作单纯的苦活，所以认为尽可能使用机器减少劳动时间以生产更多产品才是一种进步。不过对于莫里斯而言，劳动并不是苦活，而是有趣的事情，是能带来喜悦的事情。所以他认为不应该通过机械化减少劳动，而是应该努力减少劳动中的痛苦，增加乐趣。为此就应当停止分工，而让每个人承担起整个工作，实现每一个人都能享受工作并努力做好的工作方式。

正如马克思指出的，分工使得人们的劳动力商品化了，人的能力成了物品一般的交易对象。莫里斯认为，分工导致劳动力像商品一样交易这一点破坏了人与人之间的关联性，使人与人的距离疏远了。所以，他推崇行会形式的工作方式，并梦想了一个在社区中生产美好的事物并生活的社会。在这样的社会中，不存在需要代替他人工作的人。

莫里斯指出，如果不需要代替他人去完成生活中必需的行为的话，人们就会有充足的闲暇时间了。运用这些时间就可以生产出更多美的东西来。为此，教育的形式也必须加以改变。像过去那样单纯的职业训练应当摒弃，而应实现这样一种教育：让人学习一种技术从而能够享受到生活的乐趣，并且创造出美好的事物来[8]。换言之，需要的教育是：可以让能够享受到创造美好的事物的不断试错的过程的人变得更多的教育。关于理想的社会生活，莫里斯如是说："毫无疑问，结论是没有努力的人生相当无趣。"

莫里斯认为像这样理想中的社会不是由国家创造出来的，当然也不是由当权者和先锋活动家们创造出来的。不是这种"自上而下创造社会"的方式，而是由可以喜悦于让自己的生活更为美好，享受让工作变得有趣的努力的人们互相合作结成社区，再通过社区的合作形成全社会"自下而上创造社会"的方式。所以就需要新的工作方式和教育方式。创造了行会形式的工作方式和教育设施的莫里斯的思想，在他去世后被许多设计师继承。

社区设计也以莫里斯的理想社会为目标。由社区中的人投入设计中，人们在不断试错的过程中收获满足。人们通过互相合作一点点让城镇变得更好。我认为为此就需要摸索新的工作方式，并开发实践性的教育方法。

行会形式的工作方式

莫里斯所重视的工作方式具体是什么样的呢？与罗斯金的观点一样，莫里斯也认为中世纪的行会形式的工作方式是理想的工作方式。罗斯金所评价过的艺术家团体拉斐尔前派兄弟会是类似于日本结义兄弟们合作的行会性质的团体。莫里斯公司也有几个成员参加了该组织，并以行会形式的工作方式为目标。同时期，罗斯金也尝试了结成行会。罗斯金主导的圣乔治协会的特点在于，由三种不同立场的人构成。其一是"Comites Ministrantes"，在行会中是领导层的人物。另一种是"Comites Militantes"，是在领导下面工作的工人。还有一种是"Comites Consilii"，是在有需要的时候来帮忙的赞助者。studio-L 以此机制为模型，由"项目领导""工作人员""外部合作者"三者构成。

随后，行会形式的工作方式就传播出去，变得普遍了。1882 年，亚瑟·海格特·马克穆多（Arthur Heygate Mackmurdo）设立了世纪艺术家协会。该协会虽然在经济上获得了成功，但因成员各自追求其他兴趣而于 6 年后解散。1883 年，以威廉·理查德·莱瑟比（William Richard Lethaby）为中心的年轻建筑师结成了圣乔治艺术协会。该团体后来与以刘易斯·福尔曼·戴（Lewis Foreman Day）为中心的名为"十五"的团体合并，于 1884 年设立了艺术工作者行会（图 12）。

艺术工作者行会不仅召集同行一起工作，每两周还会在举办展示成员作品的展览会的同时举办讲座、演示会和讨论会等。他们重视成员之间能够一直在友好的气氛下交换意见，所以努力不让组织变得太大。他们的想法是组织的规模应该保持在所有的成员都可以知道其他人的个性和工作内容的范围内。莫里斯于 1888 年加入艺术工作者行会，1892 年作为师父指导年轻人。该行会现在也依然在活动中，主页上登载的过往的师父的姓名里还有包括莫里斯在内的许多设计师。

艺术工作者行会的中心人物沃尔特·克兰（Walter Crane）

图 12 现在的艺术工作者行会的内部景观。讲堂的墙面上是莫里斯、阿什比、莱瑟比和克兰等人的胸像。现在这里也会定期开展演讲和工作坊等活动

召集了志同道合的人一起设立了工艺美术展协会，从 1888 年开始开展工艺美术展览。这个名称意味着展览会上汇集了莫里斯所倡导的大艺术和小艺术。此后，莫里斯他们的活动也就被称为工艺美术运动了。

同样在 1888 年，莫里斯的徒弟查尔斯·罗伯特·阿什比（Charles Robert Ashbee）创办了手工艺行会学校（图 13）。25 岁的阿什比在曾受到罗斯金影响的阿诺德·汤因比所构思出来的社会福利中心汤因比馆中主持了罗斯金著作的读书工作坊。他也和莫里斯一样感受到了手工艺的重要性，在创办了行会生产精美的产品的同时，设立了学校并教授年轻人手艺。他在伦敦活动了 4 年后，为了开展更为充实的活动，把工作坊和学校搬到了奇平·卡姆登村，并在此创办了学校。阿什比解散

了作为 4 年内活动结果的手工艺行会学校，解散原因是当地工作机会减少，又没有可以替代的工种，以及在远离城市和市场的地方开展商业活动的高额成本。此外，还有使用工厂机械生产同种家具低价贩卖的公司变多了。

以莫里斯和阿什比等为代表，工艺美术运动相关的设计师中很多人开始尝试把作坊和学校搬到地方上的举措。不过大部分没有持续很久。这当然也有当时通信手段和交通不发达的原因，因

图 13 威廉·斯特朗（William Strang）所绘制的 40 岁时的查尔斯·罗伯特·阿什比。他受到莫里斯的影响投身工艺美术运动，将活动中心从伦敦搬到了奇平·卡姆登村。这幅肖像画绘制的是在奇平·卡姆登村事业刚起步时的阿什比

此想要在远离城区的地方坚持创造性工作是件不容易的事情。不过，现代条件就发生变化了。乡镇中的网络体验往往也更为高速。studio-L 虽然总部在大阪，但是在三重县伊贺市的锯木厂内、大分县丰后高田市的商店街上、山形县山形市的大学里都设有活动据点（图 14 ～图 17）。锯木厂内的事务所可以就地取材制作木制实验品；商店街上的事务所可以反复试错创业过程；大学里的事务所在开展研究和进行商业活动的同时能够培养学生。我们试图运用谷歌环聊*和脸书等开展活动，实现莫里斯他们在远离城市的地方工作的目标。

---

* Hangouts，一款即时通信和视频聊天软件。——译者注

图 14	图 15
图 16	图 17

图 14　studio-L 大阪事务所。设立时虽然位于大阪市的北区，不过现在搬到了大阪府吹田市。作为总公司，工作人员最多

图 15　studio-L 伊贺事务所。由锯木厂的仓库改装而成。在推动使用薄木材制造家具的"穗积锯木厂项目"走向正轨期间作为工作人员活动据点使用。现在是穗积锯木厂项目的办公室

图 16　studio-L 丰后高田事务所。由丰后高田市的商店街的空置店铺改装而来。现在作为在商店街创业的人们使用的空间

图 17　studio-L 山形事务所。由东北艺术工科大学内的仓库改建而成，供作为社区设计学科的教师的工作人员使用，也会把学生聚在一起开研讨会

莫里斯之后

莫里斯于 62 岁去世。他的继任者们继续推动着工艺美术运动，但也认识到机械化是不可避免的。设立了艺术工作者行会的莱瑟比、创办了手工艺行会学校的阿什比和领导了工艺美术展览协会的克兰，都在莫里斯去世后逐渐承担起了艺术和产业之间的桥梁的职责，开始思考如何使用工厂的机械来生产精美的商品。这样的思考方式继承自莫里斯所执着的"以低廉的价格制造精美的产品"的观点，但是在"把劳动转变成愉快的事情"这一点上做出了妥协。

工艺美术运动从英国传到了美国，然后在全世界流行起来。美国芝加哥的工艺美术协会颇为活跃，由建筑家弗兰克·劳埃德·赖特（Frank Lloyd Wright）创办。赖特被称为继承了莫里斯、阿什比和克兰等的工艺美术精神，并将其与机器制造相结合的设计师。赖特的主张是"通过正确运用机器可以充分利用优质的素材制造出简洁的产品。这样就可以实现工艺美术运动从 10 年前开始就不断追求的手工艺制品的水准"。"木工活中使用的机器在切割、成型和抛光方面展现出压倒性的优势，并且可以不知疲惫地反复工作，让木材中蕴藏的美浮现出来，并毫无难度地加工出光滑的表面和清爽干练的形态。这种类型的美在中世纪也是前所未见的。"

在美国虽然是赖特继承了工艺美术运动，但是在其他国家也同样还有约瑟夫·霍夫曼（Josef Hoffmann）的维也纳工坊（Wiener Werkstätte）、赫尔曼·穆特修斯（Hermann

Muthesius）的德意志制造同盟、瓦尔特·格罗皮乌斯（Walter Gropius）的包豪斯等继承了这一流派，为运用工厂机器生产精美的商品添砖加瓦。在这期间，行会的工作方式也换了一种形式继承了下来。赖特的塔利耶森（Taliesin）事务所兼具作坊和学校的功能，维也纳工坊、德意志制造同盟和包豪斯也不仅仅是制造实际的商品的作坊，还是学校。教授被称为大师，承担着师父的职责。

这样的组织都具有行会的性质，没有采纳当时在资本家中作为主流的公司化经营和员工分工化等方式。行会中擅长技术的人成为师父，在其下聚集了具有同样技术的徒弟，在与师父商量的同时开展工作。万一师父病逝，会从徒弟中选举下一个师父出来。如同资本主义社会中，职业经理人从银行过来高效驱使工作人员让资本增殖的现象是不存在的。没有只负责拉来业务的销售部门，也没有只负责资金计算的会计部门和只负责职员劳务管理的人事部门。这些要素应该集中在一个人身上，而行会的工作方式就是在推进工作的过程中重视这样的完整的人和人之间的关系。

studio-L 以这种行会形式的工作方式为参考。工作室的经营权并不掌握在赚钱的专家手里，销售、管理、人事等不分开考虑，而是由项目经理和工作人员一起承担。自己的业务自己承担，一边考虑预算一边推进项目，每天研究精益求精。虽然经营状况未必好，可能在全球化的社会中也显示不出战斗力，营业额也不会陡然提升。尽管如此，我还是中意这样的工作方式，不分工、每个人不断扩大自己的技能面，互相尊重他人的长处，在愉快的合作中推进工作；坚持为了催生美好的项目而不断试错，能够享受这个过程的人聚集在一起。正是因为对于这样的工作方式感到自豪，我们可以说"studio-L 是一个社区设计师行会"（图 18）。

图 18　studio-L 的标识。标注了 studio-L 是一个社区设计师行会。中间的 9 个圆展示了"员工数量尽可能少留下（不到 10 人）"的想法。设立之初有 5 名成员，还有 4 个空位。虽然可惜的是，现在成员已经超过 10 人了，但我考虑什么时候还要精简一下人数

向着部分实现乌托邦社会主义

行会形式的工作方式的中心往往在工作坊里[*]。在当代，日本也多用此方式指代交流的方式。就与在工作坊中通过细致的工作、制造出精美的产品一样，我们也期待可以通过在工作坊中的认真对话催生出美好的项目，为此就要移步社区设计的现场。

莫里斯希望通过行会形式的工作方式在工作坊中制造出美的物品。他还希望在工作坊里的工作可以令人愉快，从这里诞生的物品也能被尽可能更多的人所用。然而矛盾在于实际制造出来的商品因为价格过于高昂，只有富人才买得起。这时候我就有了一个想法，社区设计并不生产商品，那是否可以跨越这个矛盾呢？我可以让工作坊，也就是工作坊中的交流变得更为

---

* 日语原文为 workshop 的日语读音。——译者注

有趣，把从中产生的想法转化为项目，和居民们一起来实现。我们要尽可能不使用资金，用较长的时间让更多人参与进来运营项目。我想这样就可以无关贫富让更多人参与进来了吧。这种情况下，项目是否有趣、美好就显得颇为重要。当项目具有这些美的时候，就会有更多人参与进来，发起者本人也应该会在活动中获得更多享受。这样的话，莫里斯目标中的理想社会不就在社区设计的现场以小小的地区社会的形式实现了吗？

弗里德里希·恩格尔似乎曾揶揄莫里斯为"空想社会主义者"。以从事社区设计的视角来看，莫里斯那种营造出能够实现美好幸福的生活和劳动等的小型社区，并且一点点不断增加这种社区的数量的社会主义更为现实。不管是空想社会主义，还是乌托邦社会主义，我们想在日本各地以碎片化的形式一点点实现莫里斯设想的乌托邦社会。

注:

[1] 比罗斯金年轻 15 岁的莫里斯比罗斯金早 4 年去世。

[2] 莫里斯与伯恩·琼斯两人原本都想过成为神职人员。然而在大学生活中莫里斯决定成为建筑家，而伯恩·琼斯则决定成为画家。当时给两人带来重大影响的是罗斯金的《现代画家》。此外，著有《威廉·莫里斯传》的菲利普·亨德森曾列举出另一本给莫里斯和伯恩·琼斯带来过影响的书，即托马斯·卡莱尔（Thomas Carlyle）的《过去和现在》。

[3] 拉斐尔前派当初只使用隐藏了团体名字的首字母"P.R.B"表示。然而从罗塞蒂
向友人泄露了"拉斐尔前派兄弟会"这一正式名称开始，就饱受了来自公众的批
评"难道艺术要退回拉斐尔之前、文艺复兴之前吗"。从这场危机中拯救他们的
就是威廉·戴斯。戴斯委托已经成为世界权威的艺术批评家的罗斯金拥护拉斐尔
前派。罗斯金一边认为"团体名称实为可惜"，一边赞赏"如果能积累经验，可
能可以成为过去 300 年间最为了不起的流派"。从这以后，舆论风向发生了改变，
人们开始认可拉斐尔前派了。

[4] 莫里斯他们创办的文学杂志为《牛津和剑桥杂志》（*Oxford and Cambridge
Magazine*）。这种自己出版刊物的行为据认为是受到了 7 年前结成的拉斐尔前派创
办杂志《萌芽》（*The Germ*）的影响。拉斐尔前派的杂志是仅发行了 4 期的月刊，
而莫里斯他们的杂志作为月刊发行了 12 期。其中还有罗塞蒂撰写的论文。

[5] 生活，也就是 life 这个词，这个团体名很容易令人联想到我们曾受到过把这个词
看得很重要的罗斯金的影响。

[6] 山崎 亮最初从设计事务所辞职，设立了 studio-L，其后西上 Arisa、神庭慎次、醍
醐孝典、广野慎依次加入。

[7] 1861 年创立的莫里斯·马歇尔·福克纳公司的成员有福特·马多克斯·布朗
（Ford Madox Brown）、爱德华·科利·伯恩 - 琼斯爵士（Sir Edward Coley Burne-
Jones）、查斯·福克纳（Charles Faulkner）、阿瑟·修斯（Arthur Hughes）、彼
得·保罗·马歇尔（Peter Paul Marshall）、威廉·莫里斯（William Morris）、丹
蒂·加布里埃尔·罗塞蒂（Dante Gabriel Rossetti）、菲利普·韦伯（Philip
Webb）8 人。不过，修斯并不能说是其中的一员，所以成员实质上一共有 7 人。

[8] 作为实现莫里斯所说的"让创造出美好的事物变得更为愉快的教育"的机关，艺
术大学发挥了重大作用。日本第一个社区设计学科在东北艺术工科大学设立也是
出于我相信艺术大学的潜力。

阿什比的目标——融合

查尔斯·罗伯特·阿什比

● 以融合为目标的人

曾任维多利亚与艾尔伯特博物馆（V＆A）馆长的莱昂内尔·兰伯恩（Lionel Lambourne）曾评价阿什比——"工艺美术运动中最成功的人，也是最不可思议的人"。根据兰伯恩的说法，他"既是现实主义者，又是理想主义者"（图1）。

阿什比（Charles Robert Ash-bee）可谓一直在努力融合两种不同要素的人。他受到了塞缪尔·巴奈特的影响，试图把工作和教育融合在一起；受到了弗兰克·劳埃德·赖特的影响，试图把工艺和机械融合在一起；受到了埃比尼泽·霍华德的影响，试图把城市和田园融合在一起。虽然回顾当下的日本，可以看到这样的融合实现很久了，然而在阿什比出生的年代，这样的融合可以说是前所未有的。

● 汤因比馆

阿什比生于1863年。比莫里斯年轻29岁，比霍华德年轻13岁[11]。在工艺美术运动中也可以算是后生。1886年大学毕业后，师从乔治·弗雷德里克·博德利（George Frederick Bodley）。博德

图1 现在的维多利亚与艾尔伯特博物馆。内部有一个莫里斯商会设计并施工的绿色餐厅

利在英国作为莫里斯商会最初选用的建筑家而闻名。阿什比在博德利那里工作，住在伦敦白教堂（White chapel）地区的汤因比馆。白天在博德利的事务所工作，晚上在汤因比馆负责罗斯金的 *Fors Clavigera* 阅读讲座[2]。

但很快阿什比就对汤因比馆灰心了。汤因比馆内"并没有所谓的合作团体的生活。那里既不是大学，也不是寝室或者俱乐部"，阿什比如此回忆。此外，仅仅阅读文章的讲座并不能满足他，他开始教授讲座的学生绘画和装饰等。这个讲座的学生们亲手装饰了汤因比馆的餐厅，其后成了手工艺行会学校的创始成员。在和学生们一起参与实际工作的过程中，阿什比开始意识到照本宣科是不够的，必须要有一个能在工作中学习技术的实践性学校（图2）。

在汤因比馆开讲座一年后的1887年，阿什比去见了住在哈默史密斯的莫里斯，和他交流行会学校的事情。但是由于当时的莫里斯已经意识到需要进行社会改革，并不只满足于设立融合了工

图2 手工艺行会学校的铁匠们。工作台左边深处是比尔·索顿，前方是查理·唐纳

作和教育的行会学校，并思考着必须进行更加根本性的社会改革，阿什比并不能接纳这样的社会主义思考方式，最后丧气地回到了汤因比馆。

● 手工艺行会学校

1888年，阿什比和三名参加讲座的听众一起在汤因比馆设立了手工艺行会学校（图3）。

当时的50英镑资本是阿什比出资的。时任教育大臣还出席了在汤因比馆举行的开学仪式。此外，一段时间后莫里斯也在该学校开办演讲。行会学校在一段时间内都是在汤因比馆开展活动的。逐渐有了人气后，因场地狭小，就租下了附近的一个仓库，并把工作

坊和商店移到了别的地方。工作坊中有木工、雕刻和绘画等，还有一些体力活（如金属加工）等。

理想的行会学校应该是把行会和学校有机结合起来，然而实际上并不能实现。尽管行会的工作还是顺利的，学校却因为资金不足于 1895 年关闭了。此后，行会的工作继续增加，工匠数量也相应增加了[3]。

1898 年，阿什比娶了音乐家珍妮特·伊丽莎白·福布斯（Janet Elizabeth Forbes）（图 4）。并且从莫里斯遗产保管委员会那里购买了台凯尔姆斯科特出版社（Kelmscott Press）用过的印刷机。同时还招募了 3 名曾为莫里斯工作过的印刷技术工。此外，他还将行会有限公司化，根据工匠的工作年限给予相应的股份。工作做得好，行会的评价也会上去，股价就会上涨，持股工匠就能获得利益。

阿什比发起的"伦敦调查"对伦敦的老建筑调查工作也于 1900 年开始，旨在调查摇摇欲坠的历史性建筑并留下记录。该调查如今仍在继续。此外，1900 年年末他还第二次造访美国，以演讲旅行的方式为国民信托筹集资金。此时，阿什比在芝加哥遇到了弗兰克·劳埃德·赖特。阿什比此时对赖特的设计产生了共鸣，其后为赖特在德国出版的作品集作了序。

阿什比还在芝加哥的赫尔馆停留了一些时日。他评价那里比汤因比馆更有活力，合作工作也更为丰富。

图 3　阿什比设计的银质工艺水壶。顶端有绿色玉髓

图 4　阿什比的妻子珍妮特·阿什比（摄于 1890 年）

● 奇平·卡姆登

这时的阿什比开始寻找新的工作坊。一方面是因为之前使用的工作坊的合同到期了；另一方面是因为他为了寻找理想的职场走遍了伦敦，却一直也没找到合适的房产。最后有人说倒不如选择在农村地区活动，这样可以找到空气更好也更宽阔的工作坊。于是阿什比等人就决定搬到科茨沃尔德（Cotswolds）的奇平·卡姆登村（图5）。

1902年，50名工匠和家人共计150人从伦敦搬到了奇平·卡姆登村（图6）。来到奇平·卡姆登村的工匠们修复空置房屋和废弃的建筑物的同时，还建造了工作坊、住宅和学校等。由此诞生的卡

图5　现在的奇平·卡姆登村庄的城镇景观。老建筑中融入了咖啡馆、杂货店等

姆登美术工艺学校常会有牛津大学的公开讲座及夏日讲座等（图7）。沃尔特·克兰和爱德华·卡朋特（Edward Carpenter）还在此办过演讲。

最初村里人还不能接纳他们，村里人不与工匠交流，商店也会刻意高价向工匠出售商品。据说因为工匠们会工作到很晚，所以

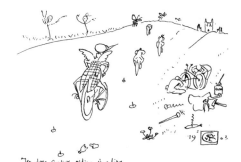

图6　沃尔特·克兰画的漫画。描绘了阿什比等人骑着自行车搬到奇平·卡姆登村的景象

阿什比工作坊的建筑一直亮灯到深夜，看起来就像是城市突然嵌入了村庄一般。这对于当时1500人的奇平·卡姆登村来说，150人搬迁过来确实令村里人颇为震惊。

阿什比的妻子珍妮特·阿什比，她运用音乐和舞蹈等形式复兴了当地的传统节日，并做了重新演绎。通过这样的方式，他们融入当地，重新构建了社区意识。此外，阿什比还在卡姆登美术工艺学校举办了舞台剧和音乐会等、开设游泳大会、教授家政和体育等，不仅面向工匠和他们的家人，也对奇平·卡姆登村的人们敞开了大门。通过这些努力，工匠们慢慢和当地人有了交流（图8）。

● **破产**

然而工作进展并不顺利。受当时通信条件的限制，从伦敦接受订单发到奇平·卡姆登村需要时间，在村子里制作出商品后运到伦敦也需要时间。此外，在伦敦大量出售着机械制造的廉价商品，来购买阿什比等人的费时又昂贵的商品的人也越来越少。甚至在伦敦可以在工作量减少时找到别的差事的工匠们在奇平·卡姆登村找不到其他活干，只好从事农活自给自足，在有订单的时候才重新作为工艺匠人工作（图9）。

1908年，自1902年在奇平·卡姆登村开始的行会活动破产了。大部分工匠离开了奇平·卡姆登村，但是还有一部分工匠表示他们愿意买下当地的土地边从事农活边继续从事工艺工作。于是，阿什比就去筹集了购买土地用的资金。阿什比离开奇平·卡姆登村之后，有几名

图7 手工艺行会的农活。实现了食物供给和商品制造

图8 手工艺行会的体操课。村里人也时有参与

图 9　手工艺行会的合照（摄于 1907 年左右）

工匠继续留在那里。其中从事银器加工的乔治·哈特（George Hart）功成名就，也惠及了后人。他的孙子大卫·哈特（David Hart）依然在从事这份工作，重孙也在继续学习银器加工工艺（图 10 ～图 13）。

图 10　哈特家族的作坊所在的建筑

图 11　哈特家族的作坊的招牌

图 12　作坊内摆放着无数的道具。从天花板上垂下来的都是订单。还扎着很多非常老的订单

图 13　大卫·哈特。与阿什比一同搬到村庄里的约翰·哈特的孙子

● 哈特家族的作坊

我有幸前往哈特家族的作坊参观学习。他们还和110年前一样通过敲打的方式制作银器（图14）。各式各样的道具围绕着的作坊有着独特的气氛，五名工匠就这样默默在其中工作。有两名年轻的男性工匠和一名女性工匠（图15），还有一名熟练工匠和哈特族人，一共5人。偶尔有一名工匠站起来走近另一名工匠，询问细节部分的制作方法。第三名工匠就走过来表达了"如果是我来的话会这么做"的建议。通过交谈确定了工作方向后，又各自回到自己的工作台继续工作。

图14　在哈特家族的作坊中工作的银器加工工匠

图15　年轻的女性工匠

哈特家族从阿什比时代开始就坚守着行会的工作方式：不采取分工形式，一件商品由一个人制作完成。从承接订单到交付收款都由一名工匠负责。每一名工匠都可以称为个体经营者。虽然说是个体经营者团体，他们之间还是会相互合作开展工作。大卫说他是从旁观父亲和祖父等人的工作中学习到工作方法的。据说祖父乔治常在他敲打银器的时候走过来留下一句"声音不对啊"然后离开。

● 工作室的工作方式

studio-L 也以行会形式作为理想的工作方式，尽可能不分工，旨在从开始到结束都由一个人完成。如果采取了分工的方式，那么步骤之间的反馈就会极少，没法高质量地开展工作。

此外，社区设计的工作与当地居民也息息相关。我们不能对居民说"这件事不要来问我"。

对于居民来说，工作室的工作人员是什么专家对他们没有影响。我们应该努力与人相处，以得到所有人的认可为目标，重在与所有人对话。从这个角度来看，也是不分工为好。

更重要的是，在指导后辈的时候也往往只能指导自己擅长的部分，在被问到的时候常常就答不上来。

工作的全工程如果可以自己一个人完成，那么就会建立起自信，提升满足感。全部都能自己完成的决心会提升学习的速度，提升工作的质量，提升工作的满足度。正因如此，在工作室内的分工和外包务必要努力控制到最低程度。

● 工艺和机械，城市和花园

哈特家族的工作坊有一本从110年前使用至今的签名册。1910年的页面上可以看到弗兰克·劳埃德·赖特的签名（图16）。那一年，赖特住在阿什比的家里，在奇平·卡姆登村参观。

阿什比理解了罗斯金和莫里斯所主张的手工艺的重要性。同时也能够充分认识到赖特积极引入的机械化的力量。也许阿什比在和赖特交流的过程中就在思考工艺和机械的完美融合了吧。所以他在后来探讨了通过机械实现美的设计的方式，同时也谈到过机械时代的艺术教育。

在工匠们陆陆续续搬回伦敦的那段时间，留在奇平·卡姆登

图16 左方的花名册上有弗兰克·劳埃德·赖特的签名

村的阿什比于 1917 年出版了《伟大城市的所在地》（Where the Great City Stands）一书。

在这个过程中，他强调了什么应该由机器生产而什么不该由机器生产的判断的重要性，以及城市和农村间相互关联影响的必要性。在这之上，还发表了理想的田园城市瑞斯利普（Ruislip Garden City）的规划方案，但并没有付诸实践。对他来说，瑞斯利普田园城市应该是一个融合了伦敦和卡姆登村两者优点的理想规划。

1929 年，阿什比成为艺术

工作者行会的师父（图 17）。不断自我挑战各种实验的阿什比于 1942 年与世长辞[4]。

图 17 位于艺术工作者行会的阿什比像

注：

[1] 阿什比的父亲和莫里斯同年出生。他的父亲作为个人爱好收藏了大量的色情文学和图画，以比萨努斯·法拉西（Pisanus Fraxi）的笔名整理成了《禁书目录》（Index Librorum Prohibitorum）一书。此外，还被认为是猎艳经历名著书《我的私密生活》（My Secret Life）的作者（该书有 11 卷，共计 4 200 页之多）。据称，阿什比很厌恶这样的父亲。

[2] 罗斯金的 Fors Clavigera 是写给英国的劳动者看的，谈到了享受劳动、获取正当报酬、调整生活、读书的重要性和女性的生存方式等。

[3] 行会最初在汤因比馆开展活动，在略显拥挤之后搬到了附近的仓库里。然后又搬到了埃塞克斯之家（Essex House）。同时在布鲁克斯街开设了店铺。

[4] 阿什比晚年投身于讽刺画（为了突出任务的特征，特地使用夸张画法画出来的人物画）相关的书籍的编写中。

第三章

阿诺尔德·汤因比

（Arnold Toynbee，1852—1883）

受罗斯金的影响，为社会上的弱势群体开展救济活动。他是在学术上确立了"工业革命"一词的经济学家。汤因比因疾病缠身，30岁便英年早逝了，但他的思想为汤因比馆所继承。

社会福利和社区设计

我在回顾自己开始从事社区设计这项工作时参考过的运动和组织时曾谈到过约翰·罗斯金和威廉·莫里斯。在提到这两人时，我总是会联想到19世纪后半叶在英国发展起来的慈善组织协会和睦邻运动。我最近经常被福利领域的各位叫去讲述社会设计相关话题，也参与过几个地区的与医疗和福利相关的项目。所以，这里供福利和社区设计之间的关联谈一下慈善组织协会和睦邻运动[*]。

与如今的日本相似，在19世纪，英国人口过于向城市集中，导致山区被荒废。城市中，人与人之间的关系淡薄，互相帮助的精神被认为是过时的。当时虽然还没有"黑心企业"这个说法，但是比之严酷好几倍的工作方式却横行世上，比日本现在的贫富差距还巨大。

社会福利事业诞生的背景

说起社会福利事业的起源，就必须往上追溯一段时间。工业革命时期的英国，封建社会分崩离析，货币经济正在发展。人们可以自由贸易，只要工作就能赚到相应的钱的时代终于来了。乘势而上赚到钱的人被称为中产阶级。随后，他们开始以资本家的身份接连发展自己的业务。

---

[*] Settlement Movement。——译者注

与之对应的是，雇用的工人们无论怎么拼命工作，都只能赚到勉强过活的租金。在封建社会，因为各自都有与身份对应的角色，只要符合自己身份谨慎生活，还是能活下去的。工匠之上有师父，农民之上有地主，能保障他们各自的生活。

而进入资本主义社会，没有人保障工人的生活。因为意外事故导致不能工作后，工人的生活就会渐渐变得艰苦而难以生存。而社会上却流传着"努力一定有回报""贫困者是因为懒惰而自食其果"的说法，人们期待着"每个人只要创立自己觉得有必要的业务并赚到钱，一个人需要的东西就一定会有另一个人来提供，这样整个社会就会变得更好了"。因此，大量的人参与到了敛财的竞争中，工人的问题往往就被忽视了。

这种氛围进一步加剧，比农业更有利可图的绵羊在山区随处可见，以往依靠耕种营生的人们被从农田里赶了出去。农业生产效率在这时也进步了，管理农田需要的人数空前减少，许多农民失去了工作。

另一方面，整个英国不管是城市还是山区，人口都在增长，想要干活却找不到工作的人数不断增多。虽然农业生产效率提升了，但是人口增加的势头更劲，随之而来的是食物供给不足。被赋予行动自由后，人们为了谋求工作，就涌向了大城市。比如许多人涌进了伦敦。其中一个理由是许多工厂集中在伦敦，另一个理由是伦敦有独特的贫困救济制度。人们都对伦敦抱有期待，希望在自己陷入贫困之后，政府职能部门能够伸出援手救济自己。亨利八世因为与罗马不合，废止了英国国内的修道院，当时有近 9 万人因为失去了能够救济自己的场所而涌入伦敦，这也是一个重要的原因。

工业革命和贫困救济政策

因为种种原因，19世纪的伦敦成了贫困者聚集的城市。但是当时在伦敦工作的工人们也陷入了困境。蒸汽机的发明使许多劳动得以机械化，工匠无法继续通过手工工作生产商品。工厂的机器生产了大量低质量的商品，以非常低廉的价格在市场上出售。这样就让凭借熟练的技能参与到商品制造的工匠们渐渐失去了工作。

这时就出现了人们采取砸烂机器的运动，如传奇工匠内德·卢德（Ned Ludd）掀起了"卢德运动"（1811—1817）。虽然当时在英国破坏机器的行为是死罪，但是工匠在失去工作后有很高的陷入贫困的风险，于是就如同"拼命"的字面意思一般，"卢德运动"蔓延开来。

政府数次更新了救济贫民的法律。当时的更新中[1]，原本各地区各自为政的救济方法被统一为中央一元化，决意在英国全国每一个地方推行一样的救济方法。政府还准备了名为工作间（workhouse）的设施用以收容贫民，让他们强制劳动（图1）。并规定生活待遇不得低于在社会最底层工作的工人。原本的设想中，当在工作间里的生活更好的流言传出去后，本来在社会最底层工作的人就放弃了原先的工作，大量流入工作间。

但是当时生活在英国社会最底层的人们已经称不上是在过人类的生活了。因此，在工作间的生活也是饥饿和严酷的劳动交织，几乎没有人能够活着离开。即便能够离开，也会被贴上

图1　1900年拍摄的马里波恩（Marylebone）的工作间的进食时间。这个工作间里只招男性。各地也设有其他只招女性或者只招儿童的工作间

"进入过工作间的人"的标签，极难再找到下一份工作。政府想让工作间的存在成为针对贫困的抑制力量，暗中向居民们传播"不喜欢在工作间工作的话，就自己去努力生活吧"的说法。

　　政府这样的态度也招致了反对的声音。有一部分意见是站在人道主义的观点上，但也有很多意见认为工作间运营耗费的资金太多了。实际上，相比建造工作间让贫民来劳动，还不如直接发放救济金更节省资金。也许对于政府来说，采用后者会让想要躺着拿救济金的人数增多，尽管前者负担更重，也才不

得不考虑维持工作间体系吧。所以，在反对声中也依然继续采取工作间作为贫民应对政策。

反对声中也有针对工厂工人恶劣的劳动环境提出的，特别是有许多反对儿童劳动条件和劳动时长的。结果在 1833 年虽然成立了《工厂法》，但内容不能说足够充分。

针对这样的政策，工匠和商人们就采取了自卫措施。工人组建了工会，开展互助事业，并建立了友好团体和生活合作社等互相帮扶组织。特别是继承了罗伯特·欧文思想的罗奇代尔公平先锋社（The Rochdale Society of Equitable Pioneers）开展的进步活动，创造了全世界生活合作社的运作机制的模板。罗斯金和莫里斯等所实践过的行会也在这样的背景下开始复苏，随后产生了很多行会社会主义者*。

慈善组织协会的起步

有良心的中产阶级们对政府的贫民应对政策心生不满，自发行动了起来。他们的先锋活动就是 19 世纪 20 年代由托马斯·查尔莫斯领导的睦邻运动**。查尔莫斯将贫困归因于一个人的个人品质。认为贫困者不改变自己的性格，就不可能摆脱贫困。所以需要走访贫困户，并改变他们的性格[2]。

由于查尔莫斯相信贫困者自身具有摆脱贫困的能力，所以贫困者自身努力固然必要，但他也呼吁贫困者的家人和朋友等提供帮助，呼吁富人施以援手。具体来说，就是推荐委托当地

---

* 行会社会主义也称作基尔特社会主义，英语原文 Guild Socialism。——译者注
** 应该指的是圣约翰教区济贫试验。——译者注

的富人们为贫困者提供生活援助，通过富人走访贫困户的方式一起思考改善贫困者生活的对策。

这样的活动在伦敦遍地开花，然而他们互相之间既没有联系也没有合作的机会。于是1869年，慈善救济组织化以及抑制乞讨的协会成立了，并在次年更名为"慈善组织协会"（Charity Organization Society，COS）开展活动。慈善组织协会在协调各种在伦敦市内开展活动的组织的同时，也承担着工作坊的角色。慈善组织协会会甄别"值得救济的贫困者"和"不值得救济的贫困者"，丝毫不愿意努力的贫困者就交由工作坊作为"不值得救济的贫困者"处理。对于前者，就会运用组织间的网络采取适当的救济措施。从这种方法可以看出慈善组织协会"贫困应该通过个人努力克服，周围的人应当对其提供帮助"的想法。

在慈善组织协会成立时，罗斯金不仅提供了约100英镑的赞助，还担任了该协会的副会长。15岁时读了罗斯金的著作被其感动，在罗斯金的宅邸为素描工作担任助手的奥克塔维亚·希尔（Octavia Hill）也投身慈善组织协会。她是初期地方委员会的负责人，从罗斯金处获得资金支持以投入为贫困者提供住宅的事业中。通过这段经历，希尔认为贫困者和工人都需要清洁的居所，同时也需要娱乐的场所和散步的空间等开放空间。这些经历使她后来致力于开放空间运动和国民信托运动中。

查尔莫斯所重视的对贫困户的走访在慈善组织协会内也被称为"友爱访问"，被视为一种重要的方法。走访者并不是以教师的立场去访问，而是以居住在当地的朋友的心态走访。通过定期访问掌握贫困家庭中的问题，商量解决对策，再重复这一过程。根据希尔的提案，慈善组织协会于1896年开始了教育下一代方法的事业，其中针对"友爱访问"的方法也给出了详细的行动方针。这项教育事业于1903年独立出来成为学校，1912年以伦敦社会学校的形式成为伦敦大学的附属学校，此后发展成为伦敦大学社会行政学科。

　　我在开始社区设计工作时，进入目标地区后做的第一件事就是聆听。尽可能造访私宅，在工作场所交流（图2）。从效率上来说，把人聚集到会议室里问话会更好，但是不少人在会议室会感到紧张，也比较难找到话题契机。如果是自己家里或者工作场所，从周围摆放的物件和装饰物等中多少可以找到一些话题契机。所以，要尽可能多地走访私宅和工作场所并对话。

图2　我们开始在福岛县猪苗代町参与初始美术馆（はじまりの美術館）项目时开展的聆听会。在开始社区设计项目时，我们会征集约百名当地居民的意见，以为我们带来更多当地的朋友

这样做的目的有两个。一是了解当地的信息和个人情况。二是和当事人成为朋友。社区设计现场往往会聚集很多人，开展工作坊，让居民互相交流。不过在这之前一个一个访问居民成为朋友后，就可以塑造出邀请到工作坊现场的关系来，这一点颇为重要。这可以说是与慈善组织协会的友爱访问的感觉很相近了。所以，我们不是所谓专家学者，而是作为朋友造访当地人们。

美国的慈善组织协会

慈善组织协会的活动从英国传到了美国。在伦敦的慈善组织协会成立 4 年后的 1873 年，美国的慈善组织协会"德国街救济协会"（Germantown Relief Society）诞生了。之后，1877 年布法罗市也诞生了慈善组织协会，忠实参考了伦敦的方法开展事业。美国的慈善组织协会活动在此之后也得到了发展，在经历了个案工作（case work）[3]、小组工作（group work）后，于 20 世纪 40 年代发展成了社区组织（community organization），并形成一套体系。即建立了社会福利领域的社会工作框架。

社区组织的作用之一是小组间的工作。地区社会中存在着各种各样的团体和组织等，它们之间往往没有建立起联系。所以，要把这些团体和组织联系起来，一同解决地区社会的问题，这样的协调工作非常重要。这在社区设计现场通常是必需的。

在广岛市，我们为一个叫作"濑户内岛之环2014"的事业提供过协助。濑户内海的10个市镇有超过150个团体，其中大部分团体没有与其他团体一起活动的经验。有些团体持有非常相似的理念，有些团体烦恼之处恰是别的团体能够解决的。因此，我们就把这些团体联系到一起，并协调以创建有益于当地的方案，并将许多方案付诸实践。在这个过程中，我们切实感受到了从慈善组织协会到社区组织一直继承下来的"团体间的协调功能"在当今日本的必要性。

1903年，日本召开了第一届全国慈善大会。1908年，以涩泽荣一为会长的中央慈善协会起步了。中央慈善协会的主要业务是：①慈善救济相关团体相互间的联络；②团体和慈善家的匹配；③日本国内外慈善事业事例调查；④出版杂志、举办演讲会。从中不难看出，中央慈善协会吸取了不少英国和美国的慈善组织协会的经验。这之后经过中央社会事业协会发展，第二次世界大战后成为日本全国社会福祉协议会。最近，studio-L从社会福祉协议会获得的工作委托增加的原因也许就和这有关。

睦邻运动

慈善组织协会的活动认为"贫困可以靠个人努力克服"。与之相对的，睦邻运动主张"贫困的原因不仅在于个人努力不足，也在于社会结构问题。所以社会变革是有必要的"。为此，知识分子就要住到贫困者多的地区，开展和当地居民一起解决地区社会存在的问题的活动。这项活动因为是知识分子植根地区，所以被称为定居运动*。

这一切始于一个名叫爱德华·丹尼森·罗斯（Sir Edward Denison Ross）的人。他在大学时代接触到了托马斯·卡莱尔的著作，对社会问题产生了兴趣。1866 年加入穷困救济协会后，他虽然在伦敦东区活动，但半年后就因为健康缘故感觉无法继续参与活动而退出了协会。通过在这段时间内的反思，他又于次年回到了伦敦东区，这次不仅住了下来，还开设了面向工人教育的学校。当时英国的公立初等教育尚未起步，东区的大部分孩子还未能接受过教育。缺乏学习机会会引发贫困的连锁反应，洞察到这一点的丹尼森选择了和居民们一起学习。

在获得这种经验后，丹尼森认为知识分子和富人住到贫困地区可以同时实现"给予穷人学习机会"和"知识分子和富人了解贫困的实质"两点。这样在培养能够脱离贫困的人的同时，也能让知识分子和富人感受到社会改革的必要性。

就在某一天，年轻的丹尼森获得了发表自己见解的机会。他被叫到了罗斯金的家里。除了罗斯金以外，同时与会的还有埃德蒙·霍兰德和约翰·理查德·格林（John Richard Green）。他们每一位都认同教育对于社会改革必不可缺的观点。那天四个人一致同意"大学的教师和学生们要住到贫困地区去，和居民一起解决当地存在的问题"这一点非常重要。

随后丹尼森就急切地投身到了社会事业中。1868 年（28岁）被选为国会议员，次年担任刚成立的慈善组织协会的委员，因为身体原因于 1870 年便去世了，年仅 30 岁。

继承丹尼森遗志的就是在罗斯金宅邸意气相投的霍兰德

---

* 英语原文 settlement movement，中文现译作"睦邻运动"。——译者注

图 3 1905 年的塞缪尔·巴奈特（左）和亨丽埃特·巴奈特（右）。巴奈特夫妇不仅在伦敦东区的白教堂地区设立了汤因比馆，还在伦敦郊外创造了一个名叫汉普斯特德园郊的住宅地

了。霍兰德向丹尼森曾经活跃的伦敦东区举荐了塞缪尔·巴奈特作为牧师，说明了大学教师和学生居住在地区当地的重要性。

巴奈特与伦敦东区的奥克塔维亚·希尔一同创办了慈善组织协会，与希尔的助手亨丽埃特·罗兰（Henrietta Rowland）结为夫妻（图 3）。随后，巴奈特和妻子很快就投身教会开始着手应对穷人问题的对策。然而，东区的穷人只是一味想着接受施舍，在知道拿不到救济金和食物等之后出于愤怒，开始向教会投掷石块，砸窗玻璃。

学生深入地区

亨丽埃特深受这种困扰，所以在和大学时代的朋友交谈时就得到了一个机会，可以呼吁母校牛津大学的学生们住到伦敦东区去。创造了这个机会的大学时候的朋友就是阿诺尔德·汤因比的姐姐[4]。巴奈特夫妇便很快赶到牛津大学，呼吁学生们住到伦敦东区，投身到社会改革中。

当时还是牛津大学学生的阿诺尔德·汤因比立刻响应了

呼吁，决定住进伦敦东区。他在大学时被罗斯金的课程感动了，正在思考自己可以为社会做些什么。罗斯金的课程上需要从事道路施工，他也亲身体会到了现场经验的重要性。

罗斯金的课程不只看重大学里抽象的概念学习，而且重视亲身投入解决具体地区的问题中，很多学生负责牛津大学周边的道路施工。只不过因为学生们并没有什么道路施工的技术，从结果来看也谈不上有多好。其中有些学生压根就没有认真投入进去，不过也有像奥斯卡·王尔德（Oscar Wilde）这样钟情于挖出来的土的颜色之美，做了很长的讲座去解释的学生。汤因比应该也从这些校外实践活动中学习到了许多团结学生的方法。

我也兼任大学教师，所以经常会去学生实践的地方。在大学课程之外，我也让学生在 studio-L 实际体验一下社区设计的工作，有些学生在这里找到了之前从未有过的责任感，有些学生主动承担了协调者的责任，有些则帮忙制作精美的资料（图4）。并且因为这些学生参与到实践中学习到了东西，带着这样的记忆也会更想参与到别的实践机会中。这样在实践

图4　参与到穗积锯木厂项目中的学生们。通过现场的试错来学习大学课程中没法体会到的经验，使得学生们都得到了充分的成长

场域自我提升类型的学生确实有，可以想象汤因比也是这样类型的学生吧。

学生进入地区之后，如果情况良好，那么对于学生来说也是一个很大的学习场所，也是找到解决当地居民问题的关键。这是 studio-L 前身"生活工作室"在大阪府堺市开展活动时我感受到的。我感觉在现场认识的商店街的人们，在旁观时就渐渐产生了参与进来的动力，生活工作室学生成员的技能也逐渐增加了。甚至在一些项目中，学生可以发现一些当地居民发现不了的当地的魅力并运用在克服地区问题中。正因为可以期待这样的乘法效应，东北艺术工科大学的社区设计学科会积极把学生送到现场去。

汤因比馆

1875 年，汤因比开始住进伦敦东区，和工人们一起开展学习会，讨论地区存在的问题。在这个过程中，汤因比切实感受到需要在当地开设一个为工人提供教育、提升他们意识的机构。并且他也开始思考资本主义的兴起和工业革命的影响如何造成了贫困，为什么救济不能顺利进行。

1878 年大学毕业之后，汤因比成为牛津大学的讲师，讲授英国工业革命中的与光和影相关的课程。此外，他还做了关于各地工会的组织化的支持以及工人问题的演讲。然而可惜的是，汤因比英年早逝。汤因比去世后，他的演讲被编成《英国工业革命演讲稿》出版。据称，正是这本著作普及了"工业革命"* 这个词。

汤因比去世后次年，牛津大学和剑桥大学的学生有志者成立了"大学睦邻协会"，在伦敦东区建造了世界上第一个社区福利服务之家（settlement house）。在学生有志者和亨丽埃特的强烈希望下，这个社区福利服务之家被命名为"汤因比馆"。首任馆长由塞缪尔担任（图5）。

汤因比馆的睦邻运动大体上分为五类。第一类是教育事业，包括大学的公开讲座和夜间讲座、少年俱乐部和周日学

图5　现在的汤因比馆。虽然几度扩建增加了建筑面积，但巴奈特夫妇设立汤因比馆时的建筑还保留着。在这个建筑的前方是利用第二次世界大战时空袭造成的弹坑建成的广场。空袭如果再偏一点，想必这个建筑也无法幸免了

---

* 日语中为"产业革命"。——译者注

校，以及暑假中的田园活动等。第二类是生活改善事业，包括展览会、音乐会等文化事业，以及法律咨询和事业咨询等咨询业务等。第三类是支援居民组织，包括支持工会组织化、支持罢工等。第四类是参与行政。比如在区域选出议员，发起活动在市议会等传达自己的要求。第五类是唤起舆论，通过社会调查，基于结果开展讨论会和演讲会，带起与贫困地区改善相关的舆论。和当地居民一起实践上述事业就是汤因比馆的主要活动。睦邻运动的特征常用三个"r"来表现，即 residence（居住）、research（调查）、reform（改良）。

住下来或者长期借宿

我们开展社区设计业务时，与地区之间的互动方式与睦邻运动并不完全一样。有时和睦邻运动一样住进地区，和当地居民一起开展活动；有时以一个月一次的频率造访地区，支持他们的活动。采用什么方法支援地区取决于现场调查后掌握到的状况，以及事业预算和对当地居民的积极程度的考量等。然后再有必要时，让工作人员住到地区去支援当地活动。

比如，studio-L 的工作人员在岛根县的海士町住了两年，制作了一些方案以为支援当地聚落的团队的组建提供帮助（图 6）。在工作人员离开后，聚落支援团队也在继续活动，参与到地区报纸的复刊和灾害应对方案的构建等中。

大分县的丰后高田市有一个商店街的空置店铺被改造成了支援市民活动的场域（图 7）。一名学生和三名已经踏入社会

图 6 工作室的工作人员居住的海士町町政府经营的住宅。他们在这里居住了两年，为海士町的社区营造提供支持。他们把活动据点放在了海士町政府所在处，负责支持村里的支持者，以及整体的振兴计划的推动等

图 7 建设了丰后高田市的事务所的工作人员。他们把商店街的空置店铺打造成了事务所，并以此为据点为社区营造工作提供支持。空置店铺改建事务所时，当地人也伸出了援手

的年轻人在那里住了一年，一边寻访商店街听取人们的问题，一边琢磨解决的方法。最后有一个人决定留在当地，并为解决当地的问题而创业。

　　我们在三重县伊贺市的岛之原地区的一个锯木厂里开设了事务所，studio-L 的十名工作人员在那里住下并工作了两年。此外，还有几名学生分别到这个事务所实习过。当地人在需要年轻人时，就会叫上我们的工作人员和学生一同参与到地区的活动中。在这期间，事务所接受了很多关于当地的咨询。这也是一个我们从网络等途径收集信息来和当地人交流的场域。暑假里，我们会召集当地的小学生前来开办补习班，也会举办与汤因比馆内的少年俱乐部和周日学校等类似的活动（图 8）。我认为，我们在从事社区设计时采取住在当地支援地区的方法也是从汤因比馆的实践中学来的。

　　不需要住下来时，在项目开始时，我们也会和学生们在

一个地区借宿一定时间，以便从外来者的角度发现地区当地的魅力。这时候我们没有采用慈善组织协会那种造访居民住宅和工作场所等的友爱访问的方式，而是和学生一起在这个地区周游，把自己认为有魅力的地方拍下来，一边给当地的人们看，一边慢慢和当地居民对话成为朋友。

在兵库县家岛地区开展活动时，我们和30名学生一起用了一周时间巡游岛上，把我们用外来者的视角找出这个地区的魅力整理成一本名为《发现岛屿》的小册子，并向当地居民宣传（图9）。其后我们开展了多个项目，如在大阪府箕面市的"发现乡里"、在宫崎县北部五町村的"发现顶点"、在京都府笠置町的"发现乡里"等，都是和学生一起在一个地区寻访，把结果分享给当地居民的构建关系的项目。

图8 穗积锯木厂项目中的寺子屋项目。工作室的工作人员和实习生与附近的小学生们一起思考了暑假的作业题。以这样的方式让穗积锯木厂项目获得了当地支持者

图9 兵库县家岛地区开展的"发现岛屿"活动。岛外来访的学生漫步岛上，把他们感觉有趣的东西拍下来汇总成册。这本小册子就成了住在岛上的人们了解外部视角的契机

艺术和定居

汤因比馆有许多课外活动，其中之一是创设于1896年的汤因比美术俱乐部。俱乐部会参观美术馆鉴赏作品，让一流的艺术家来指导等。此外，1901年由巴奈特夫妇创立的白教堂美术馆在汤因比馆附近开业了（图

图10 现在的白教堂画廊。以前虽然曾叫白教堂艺术画廊，但现在改名为白教堂画廊了。图书馆和画廊功能兼具，距离汤因比馆步行约5分钟

10）。这里不仅是美术俱乐部鉴赏作品的地方，从1909年开始每年都会开展美术俱乐部的展览会。

这些举措说明巴奈特受到了罗斯金的影响。汤因比馆中的艺术教育并不是为了培养艺术家，而是为了感受到作为人类生存的喜悦。通过美术俱乐部的合作，为参与其中的当地居民建立了联系。

创作事物的现场很容易与居民们产生联系。我负责的研究院有位研究生参与了stuido-L的项目，在学生阶段就住到项目现场香川县小豆岛町。她和当地居民一起制作了巨大的美术作品，并继续参与其后的维护以及与居民们的会合等活动中（图11）。这不仅是一个学生的定居活动，还加强了参与作品制作的人与人之间的联系，引发了许多面向岛屿未来的讨

图 11 小豆岛上作为濑户内国际艺术节的作品建造出来的"酱油酱汁墙"。这面墙由居民参与，使用便当里的酱油酱汁瓶子装满酱油贴在墙上建成。项目由 studio-L 的工作人员和京都造型艺术大学研究生院的山崎 亮研究室的学生们共同推进完成

论。在研究生毕业后，她来到小豆岛町市政厅就职，继续投身于小豆岛的社区营造中。在汤因比馆的实践 100 多年后的小豆岛上，作为社区营造的契机，各种各样的人们相遇，一起开展活动，让地区更加繁荣。我看到 100 年前在伦敦发起的活动和如今这番景象重合在了一起。

与工艺美术运动的关系

阿什比作为莫里斯的徒弟活跃于世。他学生时代在剑桥大学读了罗斯金的著作后于汤因比馆主持过学习会（图 12）。他读的是罗斯金写给工人的作品 *Fors Clavigera** 和《时间与潮流》。在阅读的同时和参与者们一起讨论新的工人社区的存在形式。由于阿什比还开办了一个美术实用技术课程，因此他就被委任与学生们一起装饰汤因比美术馆的食堂。这对参与者来说是一

---

* 书名表示构成人类命运的三大力量，即 Fors，分别是象征力量的海格力斯之杖 Clava、象征坚韧的尤利西斯的钥匙 Clavis 和象征财富的来库古的指甲 Clavus。这三种力量共同代表了人类的才能和伺机而动奋力一击的能力。这个概念源于莎士比亚的一句话："人生定有涨潮时，而这滚滚洪流将引向财富。"罗斯金相信这句话是为三种力量所启发的，他在风口时激起了社会变革的潮流。——译者注

个能够把读书会上学到的东西与装饰实践的实际感受相结合的机会。并且阿什比与这个时期的成员一起创办了手工艺协会学校。

1888 年，手工艺协会学校借用汤因比馆附近的仓库起步了。这个学校也继承了汤因比馆时代的目标，即从教育新从业工人开始，等能够工作后提供一个实践的场所。经过这样的过程让这名工人可以自食其力地生活下去。虽然是一个学校提供教育，也提供实践的机会，阿什比这样的姿态也给在芝加哥遇到的弗兰

图 12　20 岁时的阿什比。这时的阿什比还是剑桥大学的学生，笃信莫里斯和爱德华·卡朋特的思想。大学毕业后住进了汤因比馆，负责讲读罗斯金的著作的课程，平时作建筑家博德利助手

克·劳埃德·赖特的学校兼工作坊的塔利耶森事务所带去了影响。

当然，我自身在大学的教学中也时刻注意与实践相结合，在 studio-L 的事件中也有意与有效的教育相结合。大学和事务所强调的是"手脑相联系"。因此，不可以一味盲目动手实践，也不可以一味动脑思考抽象概念，一定要把动手之后能感受到的实践反应切实反馈到脑中，以思考的结果为基础在实践的场所动手。如果这两者不能下意识交替重复，最后就会变成在现场一味实践而回到房间里闷头思考了。这两种态度无论哪一种，都无法产生开创性的想法，无法产生充满魅力的活动。

手工艺协会学校的发展与局限

阿什比的手工艺协会学校在当时的英国很稀有，不仅男性，女性也可以在里面工作，因此承接了许多委托。东区的工人大部分参加了手工艺协会学校，据说在最繁盛的时期有200名工人在这里工作（图13）。该协会主要生产木制品、金属制品、珠宝和皮革工艺品等。不过，在莫里斯去世后，又采购了1台凯尔姆斯科特出版社的印刷机，雇用了3名印刷工，设立了一个名为埃塞克斯屋的出版社（Essex House Press）。他们制作的产品大多数是装饰比较少的产品，简洁的设计为许多人所喜爱。技术娴熟的工匠会教年轻工匠工作方法，成为师父后也可以购买协会的股份。通过自己的工作提升协会的价值，也开始出现了卖出股份后最终实现自立生活的工匠。

图13　阿什比设立的手工艺行会学校的家具工作坊。使用汤因比馆附近的仓库建造而成，但是供操作的空间过于狭窄，很快就转不过身来了。于是，阿什比在1902年离开伦敦，把工作坊搬到了奇平·卡姆登村

协会不仅重视劳动，也重视休闲，会举办音乐会和戏剧等，也会组建足球队、出去远足等。这是罗斯金和莫里斯所倡导的工作方式，但这对当时的工厂工人来说是遥不可及的。手工艺协会学校创立第 14 年，也就是 1902 年，阿什比带着工匠和他们的家人共 150 人，一起把协会学校迁移到了齐平·卡姆登村。小小的村庄的面貌突然变成了一个艺术村庄。这里有和伦敦不一样的悠然自得的工作环境，空气清爽，自然环境丰富，地幅辽阔。这里一定可以给人更好的状态，比之前更容易在劳动和闲暇之间取得平衡。

不过，手工艺协会学校的经营状况却每况愈下。限于当时的运输和通信方式等，市中心以外的地方少有工作委托。要把制作好的商品运输出去也需要时间，村里也找不到什么可以充当闲时替代工作的委托。更甚之，市中心的工厂还在不断销售着相似的廉价商品。这些都使得手工艺协会学校能够接到的委托逐年减少。在迁移后第 5 年也就是 1907 年，阿什比一伙人主动解散了手工艺协会学校。

那么，21 世纪的日本又是如何呢？在如今通信技术和运输手段都极其发达和便捷，还有必要继续在地价高昂、各种固定成本高的市中心地区工作吗？这当然还是要看工作类型。对社区设计工作来说，究竟是应该把活动中心放在市中心地区，还是迁移到山区里呢？这还没有明确的判断基准。我多次尝试把一部分事务所的功能迁移到地方上，如在三重县伊贺市的穗积锯木厂内开设了两年的伊贺事务所、在山形县山形市的东北艺术工科大学内开设的山形事务所（图 14、图 15）。不过，为了能够到日本各处的前线，活动中心现在还是留在了乘坐飞机

图 14 studio-L 伊贺事务所的外观。事务所建在锯木厂的仓库内，现在作为穗积锯木厂项目的办公室使用

图 15 studio-L 山形事务所的外观。事务所建在大学仓库内，社区设计学科的研讨会有时也在这里开展

和新干线等比较方便的地方，也就是大阪。大部分工作人员也在那里工作。

美国的睦邻运动

睦邻运动也和慈善组织协会一样从英国远渡重洋来到了美国。美国的睦邻运动于 1886 年从斯坦顿·科伊特（Stanton Coit）在纽约创设邻里协会（Neighborhood Guild）开始。不过，美国的睦邻运动为世人所知的还是 1889 年简·亚当斯（Jane Addams）和爱伦·史达（Ellen Starr）所设立的赫尔馆（Hull House）。她们两位在 1888 年，即阿什比把手工艺协会学校从汤因比馆独立出来那年造访了伦敦的汤因比馆。她们与阿什比在汤因比馆相遇，其后阿什比也造访了几次赫尔馆。

赫尔馆受到了汤因比馆的影响，设有艺术画廊和作坊，与艺术相关的活动颇多。此外，芝加哥的艺术与手工艺协会加入也是一个特征。赫尔馆和汤因比馆保持交流，还举办过阿什比设立的手工艺协会学校的展览会。

1900 年，阿什比造访赫尔馆时，与芝加哥艺术和手工艺协会的发起成员弗兰克·劳埃德·赖特（Frank Lloyd Wright）会面。两人意气相投，其后一直保持来往。1910 年，赖特远赴英国造访阿什比，并请阿什比为自己的作品集作序。

据称 1915 年时美国有 550 个睦邻运动定居点。一方面，留有英国式样的面向工人和贫困者的社会教育；另一方面，移民较多的地区睦邻运动繁荣，通过各种活动起到民族同化的目的。重视不同民族共同生活需要的社会教育，如英语和日常生活的规则等。

美国睦邻运动的功能多样化，包含游乐场、幼儿园、绘画工艺教室、图书馆、体育馆、职业介绍所、银行、公共厨房、礼堂、画廊、药房、市民学校和家访护理站等。

我感觉这些功能对日本在人口减少的时代里应该怎么对待聚集人的场所也具有启发意义。如今人口和家庭数量减少，是必须以紧凑型社区营造为目标、在徒步可及的生活圈内积聚城市的诸多功能的时代了，所以城市和城镇的中心部分应该具有什么样的功能就成为一个重要话题。北海道的沼田町曾就城镇中的人们所必需的功能征询了居民们的意见，得到的回答与美国的睦邻运动定居点的功能令人震惊地相似。正是在地区福利重要性高涨的今天，人口不断增加、大规模城郊化发展起来前的美国和日本等国家曾经追求的"贴近市民生活的设施"更应该成为今后发展的参考方向。

睦邻运动的特征

睦邻运动的意义应该包含两个方面。其一是贫困并非源自个人和家庭的不够努力等，而是应该作为地区和社会的问题来看待。其二是当地居民开展活动的邻保馆（睦邻运动定居点）包括其运营，都应当交由当地居民管理。这两点非常具有启发意义。

慈善组织协会把贫困的原因归结于个人和家庭不够努力，在此基础上讨论救济方案并实行。然而睦邻运动旨在住进地区，融入社区整体。这个视角和社区设计有共通之处。

我们所参与的社区设计项目也是如此，地区浮现出来的问题不只由当事人来解决，社区也要一同摸索解决方法。比如商店街的问题就不只是店主自己的问题。又如公园冷清也不只是公园的行政单位的问题。再如医疗设施的问题也不应该一味推给医院的相关人员。当商店街社区的所有人都能充分利用拱廊下面的空间时，会发生什么（图16）？如果把公园看作社区共享的庭院，又能催生什么（图17）？住在社区里的人平时在医院会想做什么？就要像这样从社区的角度看待地区的问题，多开几次工作坊和当地居民交流，等能够称为社会实验后再实践。在实际动手中思考，在实行中获得更多伙伴。可以说，我们的实践也与睦邻运动相仿。

睦邻运动的优点在于重视当地居民的自主性，在达到某个程度后，把包括邻保馆的运营在内的工作都交给居民处理。当然，像伦敦东区这样贫困者较多的地区并不能马上以居民为主

图 16　爱媛县宇和岛市的商店街上开展的工作坊活动。我们邀请了市民一同到现场来思考要怎么运用商店街的拱廊空间。基于在这里得出的想法，开展了这次活动

图 17　市民们在大阪府营泉佐野丘陵绿地上种植水仙的球根。市民在这片绿地上接受一定量的课程学习，如果被认定为公园管理员，就可以在园内各个地方活动了

体展开活动。不过经过较长一段时间，居民的意识改变后，在确定居民解决问题的能力得到提升时，邻保馆的运营也会采纳居民的意见，或者把一部分工作交给他们。

　　这种方法也能用于社区设计的实践。当初 studio-L 的工作人员也是从召集居民、开办工作坊、帮助准备社会实验而逐步让居民认识到当地存在的问题的。不过通过几年时间的活动，人们也形成了组织，即便社区设计师离开当地，居民们也能自主发现问题，并想出解决方法，然后去实行。从这一点就能看出社区设计和睦邻运动的相通点了。

从慈善组织协会和睦邻运动中学习

我们从这两个诞生在 19 世纪的英国的活动中学到了很多。在项目开始时，我们会以多次友爱访问的形式听取意见。又或者采用大学睦邻之家的方式让学生探索地区，和在那里结识的当地活动团体开展团体间合作。根据情况也会选择在当地居住数年从事社区设计的工作。与当地的人们多次开展学习讨论会，思考为了自己的地区变得更好需要什么。使用造物和做事的方式，构建人与人之间的桥梁，并帮助居民培养自我开展活动的条件。待参与者可以自行继续开展活动后，我们的职责也就逐渐移交给他们，从而可以离开了。

我并不是要说 21 世纪的日本和 19 世纪的英国是一样的，只是想说明"地区的现状难道仅靠自己的力量就能改变吗"放弃主义的情绪是相近的。依赖政府和行政机关来做什么的想法和指望教会布施的伦敦市民的态度是相近的。也正因为如此，慈善组织协会和睦邻运动的实践中才有那么多值得学习的地方。

今后对于日本来说，医疗、福利、看护、护理、医药品医疗器械，以及它们之间的合作会更加重要。在社区综合照护体系的实践中，社区设计的需求也会增多。我希望在 19 世纪的英国不断试错的成果也能很好地运用在 21 世纪的日本的社区设计工作中，甚至可以更进一步。这样在将来的某个时候，会有社区设计的知识见闻解决当代的贫困问题奉献的时候。

注：

[1] 1834 年的《新救贫法》。

[2] 查尔莫斯于 1819 年前往格拉斯哥的圣约翰教区赴任。他在这里成功开展了扶贫运动，并与许多视察员交流。其中就有来自格拉斯哥东南部的新拉纳克的罗伯特·欧文。1820 年，查尔莫斯和欧文虽然交换了意见，但是两者的看法并不一致。查尔莫斯强调穷人自身的努力，欧文则主张通过改变环境来改变人。其后，欧文在一封信件中向查尔莫斯提议开一个公开讨论会，然而没能实现。

[3] 美国的个案工作是活跃在巴尔的摩慈善组织协会的玛丽·李奇蒙（Mary Richmond）创建的。李奇蒙于 1917 年著书《社会诊断》，确立了个案工作理论。

[4] 此时介绍阿诺尔德·汤因比给亨丽埃特夫人认识的姐姐是比阿诺尔德·汤因比年长 4 岁的格特鲁德·汤因比。

第四章

奥克塔维亚 · 希尔

（Octavia Hill, 1838—1912）

希尔受到罗斯金的影响开始从事贫困者住宅管理事业。她发起了增加城市开放空间的运动，设立了旨在保护自然的国民信托。上图是 60 岁生日时友人赠送给希尔的肖像画，由约翰·辛格·沙金（John Singer Sargent）绘制。

📖 专栏

女性的力量

在社区设计的现场一直都能体会到的一点就是女性在这个领域的重要性。社区设计师进入一个地区时是如此，实际在地区开展活动的居民方面也是如此。无论从哪个立场来看，女性都有一席之地。

作为社区设计师进入地区承担责任的 studio-L 的工作人员中，活跃的女性也很耀眼。她们可以迅速和当地人打成一片，也很擅长和一些听不进别人话的大叔们成为合作伙伴。并且能够注意到

一些很细节的地方，用以支持活动开展。她们并不会树立一个明确的前景煽动人们参与进来，而是褒扬参与者们注意到的点点滴滴，使他们产生动力，一点一点让活动变得更为活跃。这一切看着就让我着迷，并不禁想着"是我的话真做不好啊"。甚至只要问一下渔夫"这是什么鱼呀"，就能得到十条刚钓上来的鱼，实际上我是没有这样的技术的。女性的存在本身就很适合社区设计（图1）。

在当地开展活动的居民们也

图1 studio-L 的项目负责人，女性居多，并且都朝气蓬勃。女性负责人参与的项目可能变得更有趣。照片是在韩国开办工作坊的时候

是一样的。女性会爽快地做自我介绍，相互褒奖，擅长营造良好的关系，而男性就不是如此了。"但只要我想做的话就能做好的。"说是这样说，做却做不到。和初次见面的男性笑脸相迎"初次见面，请多关照"就想交个朋友是行不通的。因为他们的想法就是"对方就应该主动来跟我打招呼啊"。以个人经验来看，大企业的部长以上、警官、大学教授很多是"不擅长与人建立关系"的。作为大学男性教师，总感觉自己责任重大，有些紧张。

至今为止，我都一直在思考与曾受罗斯金影响的莫里斯和工艺美术运动、汤因比和慈善组织协会以及睦邻运动相关的事情。在这里我想介绍一位女性。她曾从事贫困者的住宅管理事业，在开放空间运动中发挥了核心作用，并设立了国民信托。这位女性就是奥克塔维亚·希尔。对于自作主张认罗斯金为师父的我而言，如前所述，莫里斯就像是我的师兄一样的存在。同样作为罗斯金的徒弟，我也将她视为和莫里斯一样的对手。不过，考虑到她是一位女性，实际上我觉得是"不可能战胜"的。

下面探讨一下师姐希尔的工作和社区设计之间的关系。

希尔的家族

奥克塔维亚·希尔生于 1838 年年末。成长在一个外祖父和双亲都投身于社会改革的"社会改革家庭"中。父亲詹姆斯·希尔受到社会改革家罗伯特·欧文的影响创业，经营着银行，开设了英格兰最早的幼儿学校等。母亲卡罗琳·希尔是一位受到瑞士教育家裴斯泰洛奇（Johann Heinrich Pestalozzi）影响的教育工作者。她在她的女儿们米兰达、格特鲁德、奥克塔维亚、艾米莉和弗洛伦斯的心里种下了"觉得正确的事情就该去做"的思想。

其母亲卡罗琳的父亲则是当时英国著名的热病专家托马斯·索思伍德·史密斯（Thomas Southwood Smith）医生。他是为英国的《公共卫生法案》的颁布鞠躬尽瘁的医生。虽然史密斯医生是奥克塔维亚·希尔的外祖父，但是和罗伯特·欧文交往甚密，据称欧文甚至去过他的家中。由于希尔的父亲事业不顺，从9岁开始到14岁希尔是在外祖父家里度过的，有关公共卫生和社会改革的工作从小耳濡目染。

女性合作协会

14岁时，希尔为了能去母亲担任官员的女性合作协会工作，离开了外祖父家。这个协会是受到罗伯特·欧文的影响的基督教社会主义者弗雷德里克·丹尼森·莫利斯（John Frederick Denison Maurice）建立的合作协会，为女性们提供了制造强化玻璃的工作。母亲在这个协会工作，希尔也承担起了协会开设的为孩子制作玩具的"贫困儿童学校"的课程的教师的职责。由于当时还没有义务教育制度，所以协会就为贫困儿童提供了学习的场所。虽然希尔的学生看起来都比她年长，但是14岁的希尔还是和他们每个人单独对话开展教育。

希尔一定有教育的才能，她曾说"我学习到了让每一个学生都能感兴趣的方法。把她们说的话、做的事还有脸上的表情结合起来思考，就可以明白她们真正想要去做的事情了"。据称在希尔刚成为教师的时候，教室里到处都有吵架声，许多学生都很懒散。希尔通过一对一的谈话来培养社区意识，并使她们形成凝聚力，这是一件很了不起的事情。

有时候我会把大学课程交给刚投入社区设计工作的年轻人。和学生们在一起时间久了后，就会产生许多与教学及学生生活相关的问题，抱怨也会多起来。是否能够通过和学生的交流解决问题、推动对话发展，就是对年轻的社区设计师提出的要求。对于社区设计师来说，第一步并不是从自己身上找到答案，而是能不能通过和他们交流找出解决方案逐步前进。而希尔应该在 14 岁时就已经经历过了吧。

和罗斯金的相遇

罗斯金对希尔所在的协会也产生了兴趣。他听说在那里，女性们从事钢化玻璃生产，而女学生在制作玩具。为了现场考察，罗斯金就出现在了工作坊里。而希尔当时已经读过罗斯金的著作，成了他的拥趸，可以说是心情激动得像要飞起来一般。在工作坊里见到希尔的罗斯金，感受到了希尔在艺术方面的潜在才能，为了给予她教育的机会，就告诉希尔可以到自己家里去。16 岁的希尔喜出望外，就一直在罗斯金的宅邸中临摹画作，最终得以为他的书籍画了封面和插图（图 1）。

此时希尔在信上这么写道："我觉得艺术工作和与人相关的工作应该齐头并进。"从中可以看出她要将在罗斯金旗下从

图 1 在罗斯金的指导下，希尔临摹的 1501 年时的肖像画。这时的希尔正跟随莫里斯和罗斯金学习有关教育和艺术的知识。可以说希尔是受到这两个人的影响才培养出了独特的感性

事的"艺术的工作"和在教室里教授学生的"与人相关的事情"之间取得平衡的决心。这个观点对要在"设计的工作"和"社区的工作"中取得平衡的社区设计师来说也是通用的。

几年后，玩具制作班停课了，希尔也失业了。那时候莫里斯创办了工人大学，罗斯金和拉斐尔前派的艺术家们受邀成为讲师[1]。此外，还开设了女性工人的课程，委任 18 岁的希尔担任书记（图 2）。

诺丁汉地方学校

当时希尔一家都从事着"教育相关工作"。希尔母亲的教育相关著作非常有名，妹妹艾米莉持有教育资格在工作，姐姐米兰达在招收周边孩子的学校担任校长职务。希尔也是工人大学讲师，同时还是罗斯金的工作助手，主持绘画课程。就这样，本来分别在发展自己的教育事业的希尔一家慢慢地也集结到了同一个地方。这就是希尔的宅邸兼学校——诺丁汉地方学

图2 现在的工人大学。莫里斯设立的工人大学当初位于红狮广场附近。他利用了停业的女性合作行会的工作坊设立了工人大学。其后在工人大学的事业继续发展时搬到了现在的场所。初期的讲师有罗斯金、罗塞蒂和伯恩·琼斯等人

校。这里接纳了为数不多的寄宿生，采用和家庭一样的一边生活一边学习的风格。在学校晚宴上希尔邀请了莫里斯和罗斯金来作了讲座。此外，还会邀请学生的母亲一起举行朗诵和合唱等。

　　某天来参加朗读会的一个母亲因为劳累过度而身体不适，希尔把她送回了家里。这时候希尔第一次目睹了穷人家里的卫

生状况。在湿气容易积聚的半地下住宅中，墙面剥落，粉尘侵入。希尔认为应该立刻搬家，但是虽然她和母亲一起寻找了其他住所，但是没有任何人愿意为穷人提供住所。

罗斯金意识的变化

希尔将这样的状况向罗斯金咨询。这时候罗斯金相当信任26岁的希尔，也经常问希尔的意见。比如罗斯金的著作《芝麻与百合》，是基于罗斯金在曼彻斯特的两次演讲内容整理出来的，但演讲内容，他就找希尔咨询过意见。"芝麻"是罗斯金的阅读理论，而"百合"是女性理论，内容是边和希尔交谈边定下来的，内容十分有趣。

罗斯金在"百合"中描述了女性和男性的区别，表示女性更为擅长家庭相关的工作。不过他也写了要尽可能扩大这种能力，以便能够利用家庭中使用的方法顺利地统治世界。罗斯金认为女性的统治方法与男性依赖竞争和攻击等的方法不同，依靠的是共鸣和优美的方式。希尔被咨询的正是这个观点，她肯定也思考了许多自己应该做些什么吧。

我们继续谈罗斯金的《芝麻与百合》。罗斯金在展示了"百合"的潜力后，谈到了人类应该做的工作。首先是尽可能简单朴素而谦虚地生活。其次是尽可能促成"好的工作"。这里所指的"好的工作"是：第一是给饥饿的人提供食物吃的工作，第二是给人提供衣服穿的工作，第三是为人准备住所的工作，第四是通过艺术、科学和思想话题使人愉快的工作。罗斯金认为，如果更多人投入上述四种工作中，社会就会生出幸福和希望来。

希尔此时就决定投入第三种"为穷人提供住所的工作"中。对罗斯金来说，这是比第四种"通过艺术使人愉快的工作"更优先的工作。当时45岁的罗斯金正值从艺术批评家向社会改革家发生意识转变的时期。罗斯金对希尔说"如果能够帮助到他人的话，请你随时放弃绘画的工作"。很多人把这看成是"罗斯金看到了希尔在艺术感知方面的极限，所以推荐了别的方向"。不过相比美术批评，罗斯金的兴趣更多在社会改革方面，应该也是一个重要的原因。

希尔找罗斯金咨询贫困者的住宅问题就在这个时期。这时候时机正好，罗斯金通过继承父亲的遗产获得了巨额财产。他考虑要把这笔财产用于对社会有用的地方，所以就找希尔咨询如何使用。希尔在稍加思考后，提出了"为穷人提供住所的工作"的方案。这正是罗斯金举例的"好的工作"的第三种。

住宅管理

罗斯金和希尔找到的是一个没有庭院的住宅。希尔执意要找一处有庭院的住宅，不过当得知要租给穷人时，房主们都不愿意出售住宅。房主们在附近还拥有几处土地，他们考虑的是如果这片地区开始有穷人住进来，周边土地的资产价值就会下跌。最终他们找到的是距离诺丁汉地区步行5分钟的三栋没有庭院的住宅。罗斯金对希尔说"我们可以从小处起步，培养壮大"（图3）。

图 3　罗斯金和希尔发现的三栋住宅如今依然存在。据说在面向名为帕拉戴斯·普雷斯（Paradise Place）的死胡同的住宅里，当初八个房间里就住着三十七人

罗斯金谋求业务的进一步发展，考虑需要这项事业具有盈利能力。如果不能盈利，就没法在其他地区继续发展。如何向新的房主罗斯金支付每年 5% 的利息，就成了希尔的新课题了。

希尔多次前往这三栋住宅和居住者谈话。居住者大多没有固定工作，只能偶尔找到低薪工作。大家庭的孩子们住在一起，一天大部分时间不是在吵架就是在发呆。虽然希尔一直在清扫和维修走廊、楼梯和洗衣间等公用部分，但是因为居住者的粗暴使用，很快又破损脏乱了。

　　有了这样的经验后，希尔注意到了住宅问题并不出在建筑上，而是出在居住者的感受上。于是她就要求居住者每周支付房租，尽可能增加和他们照面的机会，并告诉他们如果能够妥善使用公用部分，如果保洁和维修的费用减少，房租也能稍微便宜一些。此外，她还把居住者的女儿们组织起来，委托她们打扫公用部分。即便只有很少的薪水，她们还是乐于从事这份工作。在此期间，居住者们也渐渐开始信任希尔，开始理解如果能够妥善使用住宅，房租也会便宜一些的道理。

　　希尔的方法非常具有教育意义。不仅教育了居住者的女儿，也借此教育了成年人。这就是社会教育的流程。对于在教育世家中长大的希尔，贫困者的住房管理可以说就是她充分运用自己以前的实践经验的舞台了。她所参与的项目的一个特征是不用新建建筑，而是渐进式地重复部分更新。直接拆了老旧建筑再建新的岂不来得轻松？但是新建住房令租金高企，原来的居住者会负担不起。这就不是面向贫困者的住宅管理了。也会打破人与人之间的联系，社区就会崩溃。如果只是将建筑部分更新，居住者也可以帮忙施工。居住者还可以学到很多，并且能够促成社区意识。这种推进事业的方式为社区设计和更新之间的高度亲和性树立了榜样。

　　最初的三栋进展顺利后，希尔又一个接一个地增加提供给穷人的住宅。买到了有庭院的住宅，把住宅改造成社区中心等。社区中心开设有缝纫课程、合唱课程和绘画课程。即使不是自己上课，希尔也会坐在边上听取居住者们的谈话。这个场所随后就变成聚集了居住者的场所。庭院改造之后，大家合力建造了孩子们的游乐场，还雇用了一位教授孩子们游戏的负责人。居住者也会自发办演讲会和讲习班等新课程。

希尔曾说："住宅问题不是建筑的问题，而是生活方式的问题。"生活方式是每个人的意识的问题。在社区设计现场也不能只是创造空间，很多时候慢慢改变与之相关的人们的意识和行动也尤为重要。在我们曾参与的东京都立川市的"儿童未来中心"项目中[2]，为了和当地社区开展各种各样的活动，我们也配备了三名希尔那样的协调员（图4）。在大阪的"阿倍野桥车站大楼"里[3]，也常驻着studio-L的两位工作人员，作为和百货中心相关的社区的协调人。她们常驻在这处设施里，平时就不断和使用者及社区等对话。每天重复希尔在住宅管理中所做的相似的事情。通过对这样的对话，慢慢催生出和社区之间的关系性，提升自主性，催生出新的活动。

立川的三位和车站大楼的两位都是女性。其后车站大楼新增了一名男性职员，我带着对他的祝福并关注他能够发挥出多大的作用。

图4　常驻立川市儿童未来中心的工作人员都是女性。她们的职责是连接到这里来的儿童们和当地的市民活动团体

慈善组织协会

1869 年，希尔 30 岁的时候，慈善组织协会在伦敦成立。罗斯金资助了协会成立费用的三分之二。当然，希尔也参加了这个协会。不久，希尔就在协会内发表了"对贫困者无施舍救济的重要性"的论文。在文中表述了富人不要仅仅施舍穷人财物，而要思考如何让穷人自己通过工作脱离贫困，并着手实践的重要性。

在慈善组织协会的内部有人赞同这篇论文，他就是第一次设立地区委员会重视实地活动的弗里曼特尔牧师。他邀请希尔参与到地区委员会的工作中来。希尔愉快地接受了，并很快投入地区的活动中。

希尔的方针非常易懂，就是不要向居住在地区的穷人发放财物，而是要让他们为自己工作。然而，这一点当时曾经遭到地区居民的强烈反对。本来一直默默拿钱拿物资，现在新上任的女性地区负责人居然让大家去工作。贫困者们表现出了敌意，以各种方式骚扰希尔。希尔没有服输，正面应对，在两年间和他们一边对话一边谋求理解。她在信中写道"我想要实行的就是教育已经进入社会的人。我认为这是对已经习惯了施舍的人们的矫正"。这里确实可以看出她把自己的工作放在了教育的延长线上。

即便在和贫困者相处的时候，希尔也从来没有把他们看成和自己不同阶级的人。正因为如此，无论对自己还是对他们，她都认为"相比从社会得到什么，更重要的是能给予社会什么"。不必要的援助使得被援助的人堕落，援助者也会沉浸在自我满足中。她不喜欢分发财物给贫困者的方式。同样，也不喜欢那些拿不到政府分发的财物就满腹牢骚的贫困者的态度。希尔为他们提供工作，和他们成为伙伴，希冀能够互相支持着让社区自立起来。这正是应了"授人以鱼，不如授人以渔"的支援方式。

这在社区设计的现场也是适用的。参加工作坊的居民会规划社区营造活动。在实际开展活动的阶段一定会出现"活动经费政府不出的吗？"这样的意见。虽然我们表达了"因为这个活动是在街区实现大家想要做的事情，所以要像圈子里的活动或者俱乐部活动一样自己出资一起享受其中。因此定活动规划的时候不量力而行就会很麻烦了"，但是一开始可能都会遭到反对。但是抱着使用政府资金"一起来社区营造吧"的态度的市民变多而导致项目脆弱是要不得的，这是很明确的。规划了自己力不能及的活动，申请预算，向供应商下订单，举办气派的活动。这就只是多了一个向供应商下订单的政府组织而已。

我认为不应该如此，而是要创造一个能够把社区营造活动当作自己的乐趣的组织，享受不断试错的过程，并且一点点增加伙伴的数量。我们常对市民们说这些话，但是总有些人无法领会，然后下一次工作坊就直接不来了。剩下的人都赞成同一个主旨继续活动，所以行动效率也更高。但是因为几年后本来不来的人还会突然出现又和大家成为伙伴，这份工作就会变得有趣且难以割舍（图5）。

希尔和贫困者的对话持续了两年。在此期间，地区的状

图 5　佐木岛的"码头茶馆",当地女性在此扮演着积极的角色。当地的女性通常运用自己所能使活动更为活跃。不过可惜的是,男性经常有询问"预算够不够啊"的习惯

况改善良多,贫困者也开始主动行动起来。弗里曼特尔牧师非常欣喜,想要把这个方法应用到其他地区,他和希尔一起思考什么样的人才适合做这份工作——那种能够和负责的地区的贫困家庭相互认识、相互亲近、对这个家庭的喜悦、悲伤感同身受,并能够和他们真正成为朋友的人才。要找到这样的人才,似乎是一项颇为艰巨的任务。

　　studio-L 也一直被同样的问题困扰,要怎么找到适合社区设计的人。在人前能言善辩的社区设计师不讨居民喜欢,在人前不善言辞的社区设计师反而能够取得居民的信任。不过无论怎么说,最重要的是要能够享受这份工作,以及是否具有享受到改变过程中的力量,不论是面对欢喜或者悲伤。在 studio-L 长期工作的人都有一个共同点,就是具有这样的力量。希尔也

是具有这种力量的人。她的母亲卡罗琳曾这样评价希尔的工作："进进出出，进进出出，真的像是蜜蜂一样。经常一边工作一边幸福地喃喃自语。很明显，她是享受这份工作的。这一点也和蜜蜂很像。"

35 岁时，希尔投身到了伦敦东区。塞缪尔·巴奈特牧师也在那边（图6）。正值当时齐聚在罗斯金宅邸的丹尼森和罗兰发起了睦邻运动，亨利埃特推荐巴奈特作为伦敦东区地区的牧师。于是巴奈特夫妇就开始在伦敦东区活动了。正如前一章所述，亨丽埃特·巴奈特的老朋友是阿诺尔德·汤因比的姐姐，因为这个关系汤因比就在伦敦东区地区从事睦邻运动实践。其后为了纪念英年早逝的汤因比，设立汤因比馆时第一任馆长就是塞缪尔·巴奈特。希尔也在伦敦东区活动，和一直以来担任其左膀右臂的亨丽埃特（图7）一起开展慈善组织活动。

图6　1873 年的塞缪尔·巴奈特。他这时刚和亨丽埃特结婚

图7　约 40 岁时的亨丽埃特·巴奈特。作为希尔的左右手，她非常尊重希尔，把自己的名字称作亨丽埃特·奥克塔维亚·韦斯顿·巴奈特

公共土地保护协会

希尔一边推进贫困者的住宅管理项目，一边还有一些发现。其一是在走访住宅和居民们一次次对话的过程中，慢慢可以掌握这些人的感受。在慈善组织协会中确立了"友爱访问"的方法，以亲切的朋友的身份造访居民，成为他们的咨询对象，并为他们提供支援。其二是在开展住宅管理工作时发现，如果有公共空间，那么就更容易和居民们建立联系。无论是公共厨房或公共起居室，如果有社区中心和会堂等就更好了，庭院和儿童游乐场也不错。无论如何都不能只有个人居住的住宅，重在大家能有一个建立联系的空间，能够聚集在一起，实施教育计划。

37 岁时，邻近希尔管理的住宅的空地赶上了开发。希尔和住宅里的人们曾经一起在这片空地上享受过休闲时光，孩子们也曾在那里玩耍。希尔担心这片公共土地被开发成住宅和道路，就咨询公共土地保护协会的律师罗伯特·亨特。虽然两个人已经在开展保护公共土地的活动了，然而因为手续晚了几天，那块地的开发已经执行了。

有了这段经历后，希尔开始考虑要在城市里为穷人们保障可用的开放空间。这个想法就是"为穷人提供一个户外客厅"。这一场所被分为四种类型——坐的场所、玩的场所、散步的场所和消磨时间的场所。贫困者们在噪声、恶臭的和充斥粉尘的工厂里工作，在逼仄、龌龊的居所生活。这些人需要能够接触到新鲜空气、能够沐浴到阳光、能够从游玩中学习道德、能够触及自然之美的场所。

希尔还认为不仅市区需要这样的开放空间，外围的农村也需要有所保留。农村的公共土地不应该被土地主人封锁起来，而是应该处于谁都可以自由出入的状态。人行道连接所有地方，穷人和富人都可以在上面行走。从市区可以走人行道到农村的公共土地去玩。围绕市区一圈的绿化带也丰富了城市中人们的生活。这就是希尔的愿景了。

希尔的想法是这些开放空间不应该只是闲置着的空地，而是需要当地居民妥善管理。这和希尔曾经依靠管理的力量复苏老旧住宅的思考方式是一致的。开放空间也可以通过管理提升魅力，这可以说与现在的公园管理是一样的思考方式。为了能够向着这样的未来开展活动，希尔加入了亨特所属的公共土地保护协会。

希尔和亨特在公共土地保护协会的工作大致如下：①亨特从法律角度参与讨论，提出收购计划；②各地方政府表明自己愿意承担的部分后，希尔在报纸和杂志等媒体上呼吁募集资金补足尚缺的部分。伦敦市内也有人响应这一活动，将闲置土地作为公共土地向当地居民开放。希尔将这些土地视作公园和广场等，和当地居民一同管理。

我们所从事的"大家的农园"项目也是使用了相似的推进方式——这是一个在大阪市南部的北加贺屋地区开展的，将大型土地持有公司千岛土地所拥有的闲置土地逐一改变成社区农园的项目[4]。如果没有千岛土地的理解，项目就无法开展下去，如今该公司提供了两处土地用于社区农园改造，我们和当地的 NPO[5] 一起为当地居民管理农园（图 8）。这个"大家的农园"项目不仅仅包含农园劳作，还开设了料理课程和商品开发部门等，直到几年前还是闲置土地的场所如今变成了当地居民合作的舞台（图9）。

图8　"大家的农园"的第二片用地。这个农园并不是把农园用地分割租赁的市民农园，而是一个社区农园，将使用农园的社区组织起来，由各团队自行管理、收获、烹饪农园作物

图9　邻近农园的活动据点。配有厨房和客厅，可以把在农园里收获的蔬菜拿到这里烹饪、品尝

成立克尔协会

　　巴奈特牧师认为"压迫着伦敦东区所有人喘不过气来的巨石不是贫穷，而是丑陋"。希尔的姐姐米兰达听完这番话之后，就开始着手设立"以普及美为目标的协会"。她在国民健康协会的一次会议上发表设立意向书时，通过希尔的帮助获得了许多支持者，于是就和支持者们一起成立了"克尔协会"。

　　克尔是18世纪的诗人蒲柏（Alexander Pope）曾经介绍过的真实存在的人物约翰·克尔。他以致力于美化家乡的林荫和公园著称。克尔协会正如其名，是一个致力于美化林荫道、公园和人行道的团体，希尔负责会计工作，隶属于开放空间部门委员会。开放空间部门委员会成员还有希尔在公共土地保护协会的同僚亨特。他们一个接一个获得闲置土地，并将其开发为可以自由使用的空间。

克尔协会中还有一个装饰部门委员会，这和威廉·莫里斯创立的古建筑保护协会的成员有关（反而是希尔在其后成了古建筑保护协会的名誉会员）。画家伯恩－琼斯和设立了艺术工作者行会的沃尔特·克兰等也参加了装饰部门委员会。他们负责公共空间的设计、贫困者俱乐部专用房间及大厅等的装饰工作等。此外，还有音乐部门委员会向教堂和礼拜堂派遣圣歌合唱队和乐团，图书部门委员会向贫困者俱乐部、学校等输送书籍和杂志等，开展了一系列充实的活动。

与罗斯金的不和

希尔在39岁时，和罗斯金的关系急转直下。当时罗斯金58岁，健康状况不佳，精神也受到影响。希尔虽然一如既往地尊敬罗斯金，但是为了顺利推进住宅管理工作和开放空间运动等，她没有再像以前一样寻求罗斯金的意见。罗斯金似乎察觉到了这个变化，其中起决定性作用的是罗斯金经由他人之口听说希尔评价自己是"一个不务实的梦想家，所以意见完全没有参考价值"。实际上根本没有记录证明希尔说过类似的话，但是罗斯金却被此激怒，和希尔断绝了联系。

想必年轻时冷静的罗斯金不会如此吧。当时的罗斯金已经饱受病痛折磨，而希尔对此感到震惊。她也因为精神问题不得不从 40 岁休养到 42 岁。43 岁恢复过来的希尔从罗斯金的代理人那里听说了他们最初的三栋住宅正在出售的消息。希尔想要亲自管理这些住宅，所以就欣然接受了。

培养后生

希尔在 45 岁时，以伦敦市内为中心，管理着相当多的住宅。由于住宅管理的工作过于繁忙，她就向自己的姐姐米兰达提议关闭诺丁汉地区学校的事宜，这样姐妹俩都可以集中精力投入住宅管理工作中。"居住者每一个人都应该受到分别对待。只有一对一才能做好社会教育工作。并且为了成就这项事业需要投入长年累月和大量工作者的努力。"希尔如是说。然后她又补充道："解决问题取决于人，而不是机制。"这种说法恰如其分，所以希尔就必须抓紧时间培养人才。

当时应该还没有确立专门从事住宅管理工作的社区工作者这种职业。所以希尔不得不从其他专业领域寻找活跃的人才，培养成工作者。而这是很困难的。需要纠正已经有"工作的方式"的人的习惯，同时培养成能够从事社区管理工作的人。或许培养涉世未深的学生会更为简单。

社区设计也是一样的。加入 studio-L 的工作人员都曾从事别的工作，自然有自己的行事方法，也有自己对事物的认知。然而这些想要在社区设计的现场发挥出来就未必行得通了。毕竟是投入一项全新的工作，所以首先必须要坦诚地向这一领域的前辈学习。有时候也必须向年轻人学习。这时候如果不谦虚，就没法成为一名活跃在现场的社区设计师了。

首先要把自己以往的经验都放到一旁，如同初学者一般学习社区设计。在积累了现场经验，一点点理解工作内容后，再思考以前掌握的技能和工作经验能否运用到社区设计中。若非如此就无法成为地区所需要的社区设计师。因为从自己会的事情出发去想象，最终只会逐渐偏离地区的需求。

有许多人离开社区设计的现场，是因为他们不能哪怕一时地舍弃自己的经验，反而愤慨"自己的技术完全没有用武之地"。遇到几次这样的人之后，我就开始想招收涉世未深的大学毕业生是不是更好？因此从几年前开始，我们就逐渐让大学生参与进来了。然而，这之后又会出现觉得"自己的专业知识没有用武之地"的年轻人。有人试图抱紧自己在大学学的专业知识不放。

这样的话不妨就在大学里开设社区设计的学科，让学生从高中毕业开始就学习社区设计。经过上述思考，我们就在东北艺术工科大学设立了社区设计学科。从这个学科毕业的学生就是新一代的社区设计师，也是 studio-L 的工作人员都未曾经历过的一代（图 10）。

现在的成员里全都是半路出家开始社区设计工作的，分别从建筑设计事务所、调查公司、广告代理公司、出版社、电视台跳槽成为社区设计师。而社区设计学科的学生不同，在大学时就已经学习社区设计、在现场历练过，这个学科确实女性居多。我很期待在她们中间会诞生全新类型的社区设计师。

图 10　在东北艺术工科大学的社区设计学科学习的学生们。他们最先学习的专业领域是社区设计。我很期待看到在进入社会后能够取得什么样的成就

　　承担了培育这种人才的职责后，我自己就不怎么出现场了。希尔当时也是如此，她在给亲友的信上写道："你们会觉得我最近已经忘了穷人们的事情了吧。不过不是这样的。确实我现在没法去现场了，他们每一个人的事情我无法再在脑海里想象了。无法去现场和他们再见的现状如同尖刺深深刺痛着我。然而我知道人生的长度和广度都是有限的。和居住在贫困地区的人们直接照面解决问题的工作，如今我已经决定交给年轻的工作者们去做了。我选择这一方法是为了面向大量的贫困者们开展工作。我认为这是一个正确的决定。不过如果不再需要培养这样的人的那一刻到来了，我满心希望可以像以前一样，和一小群亲密的人们一起工作。"

我深表同感。我想在未来哪一天可以回到社区设计的现场，与交过心的人们再次投入无休无止的振兴地区的作战会议中。

将工作交给培养出来的年轻人

"不把工作交给培养出来的人和把工作交给未经培养的人一样愚蠢。"正如这句话所说，既然培养了人才，就应该适当地委以工作。话虽如此，要把自己含辛茹苦培养出来的年轻人送到远方的现场去还是很艰难的。

希尔就把自己的助手送到了在伦敦东区地区活动的巴奈特夫妇那里。"我想让我的新助手到东区去。她比以前的任何助手都要优秀。没有她的话，我会很烦恼吧。不过，我还是很高兴把她送出去了。毕竟如今的东区明显比我更需要她。我认为让她去那里积累经验也很好。那么我们现在就不得不培养一个新的工作者了。"她在信里这么写道。

我深知这种心情。不得不让自己含辛茹苦培养出来的职员住到岛根县海士町去的时候，还有让她住到三重县伊贺市的时候的事情历历在目。无论哪一次，都是因为已经培养出了那个地区需要的人才，才决定派她去住下，但心里想的还是希望尽可能留在自己身边工作。此外，让这名职员培养出来的两名年轻职员住到山形县山形市去的时候，因为能够理解培养出来的职员的心情，我的心里也是很痛苦的。然而那片区域有需要他们的人，能够在那边开展活动对于职员自身来说也能获得成长。正因为这么想，所以即便痛欲断肠，还是让他们去了。

据称希尔对委任了住宅管理工作的工作者是没有设置严格的行动原则的。想必是她觉得每个人按照自己的做法投入住宅，管理中是最好的方法吧，这种工作没法写出指导手册来。社区设计也是一样。如果社区里的人们感觉到业务正照着指导手册里面所写顺利开展的话，那这个瞬间也意味着项目失败了吧。希尔似乎也曾这么向年轻的工作者们表达："请身先士卒地投入工作中去，事无巨细地亲力亲为，有问题自己认真思考。能够做到的就只有你们。你们越是能够从我这里独立出去，我们的事业就越能在整个伦敦扩大出去。"

也就是要对自己的工作负责。这无论在哪个时代都是一样重要的。在社区设计的现场，负责人有时会被居民们臭骂一顿。也有可能在居民和行政机关之间两头受气。studio-L 的方法可能遭到居民的抱怨。不要推卸责任，要自己承担下来，并且努力解决。实际上这时候居民们也在观察，这个年轻人到底是一味依赖上司的人呢，还是自己能够努力做点什么的人。这正是一场洗礼。

居民们都是年纪相当大的人了，年轻的社区设计师和他们的儿女年龄相仿。很多居民就是想试一下负责人到底有多动真格。到底是胆怯退缩呢，还是冷静地站出来承担？这就是在考验你的觉悟。所以，对于那些来问"我被这样说了，该怎么应对？""网上有人这么写了，该怎么办才好？"的工作人员，我都不会轻易告诉解决方法，而是回复"请自己想办法解决"。

对于委托住宅管理这件事，希尔要求年轻人们一定要在技术方面做到完美。也就是住宅的卫生方面和财务方面。楼梯清扫，墙面和屋顶等的涂刷，排水设施的管理和账簿的管理一定要做到完美。社区设计也是一样，计划书和报告书都写不好，就没法开展工作；预算管理和进度管理做不好，项目就没着落；资料制作和设计有问题，现场也没法开展工作。这些工作没法扎实做好，光是高喊着"让我们一起振兴故乡吧！"基本上是什么事也成不了的。

国民信托

希尔强力推动的开放空间运动在公共土地保护协会和克尔协会的开放空间部门委员会的努力下，在英国各地创造出了开放空间。每一处土地的所有者都表示理解，使得公共土地开放成为可以为该地区的人们在不封闭的情况下自由使用的场所。不过当富人试图捐赠开放空间土地时，因为两个协会都是志愿者组织，所以都没有接收。

为了克服这个问题，希尔和亨特设立了一个新的团体。希尔提议团体名称使用"公共土地和庭院信托"，而亨特提出的是"国民信托"，最终新的法人实体被命名为国民信托。当时在英格兰湖区已经投身于公共土地保护活动的哈德威克·拉恩斯雷（Hardwicke Drummond Rawnsley）牧师也加入了进来。拉恩斯雷牧师在牛津大学就读时曾上过罗斯金的课，当时罗斯金就把希尔介绍给他认识了。藉由这样的联系，亨特、希尔、拉恩斯雷三人就成立了国民信托。这是 1895 年，希尔当时 57 岁。

罗斯金得知三人即将发起国民信托，在了解了基金会的目的后撰写了推荐信。即使在和希尔断绝联系之后，他依然投身于正确的事业，这个态度在当时也受到了赞赏。

为国民信托捐款的人似乎大部分并不富裕。不过很多人在捐款的同时还附上了诚挚的信函，据说这些人的声音极大地鼓励了希尔等人。关于捐款，希尔似乎曾说"我想要避免因为过于依赖或者坚决要求的方式破坏捐赠的喜悦"。这一点也适用于社区设计。即使为了地区着想，要增加参与活动的人数而强行增加合作伙伴数量，最终伙伴人数反而会减少，活动的乐趣也会降低。我想要珍惜参与社区设计的乐趣。

合作伙伴和家人的逝世

进入 20 世纪后，希尔身边的人开始逐一去世。先是1900 年罗斯金离世。在他去世的时候，希尔曾真挚地说：罗斯金是自己一生的老师。其后是 1902 年母亲卡罗琳的亡故。罗斯金和卡罗琳的逝世让希尔意识到了死亡就在身边。

1907 年，《国民信托法》颁布。该法律规定，关于国民信托保存管理的资产，信托声明不得转让的资产不可作为出售和抵押对象，任何团体都不得对其进行开发。这可以说是希尔他们努力的结果。

1912 年，73 岁的希尔与世长辞。在她留给世人的话中有这么一句："我希望当我不在人世的时候，我的朋友们可以不要盲目跟从我的做法。状况不一样的时候，就应该需要不一样的努力方式。应该流传下去的是我们所开展的运动的精神，而不是抛弃了精神徒留其形。"此外，创造出大量住宅的希尔又说："我最想留下的不是那些气派的东西或者有形的东西，也不是过去的荣耀，而是敏锐的目光和诚实的力量、能够实现美好生活的宏大的希望和崇高的理想，以及为了实现这一切需要的忍耐力。"

希尔的生活在艺术相关工作及与人相关的工作间取得了平衡。她曾经说过的"对于和人相关的工作来说最为重要的，既不是他们居住的建筑，也不是管理的机制，而是从事这项事业的人"是应当被牢记的。正是因为重要，所以人们不能抛却精神而仅仅继承其形式。根据时代不同、场所不同、对象不同，方法也要随机应变，否则顺利也就无从谈起。能否成功，取决于投身于此的人自身的存在方式。在思考社区设计这一工作时，可以说这个角度也是希尔留给我们的宝贵的财富。

注：

[1] 在莫里斯设立的工人大学中，除了罗斯金和罗塞蒂外，还有查尔斯·金斯莱（Charles Kingsley）和洛斯·迪金森（Goldsworthy Lowes Dickinson）等担任教职。

[2] 立川市的儿童未来中心是一个以"育儿教育支援""文化艺术活动支援""市民活动支援""活力创造""补充政府功能"为主要功能的公共设施。studio-L 主要负责"市民活动支援"，开展市民活动团体的活动支援和网络构建等工作。

[3] 阿倍野桥车站大楼的百货商店内有一个叫"街区车站"的自由空间，供市民活动团体开展各式各样的活动。studio-L 负责支援市民活动，以及协调卖场与市民活动之间的合作。

[4] 千岛土地在"大家的农园"之前也在北加贺屋地区招募艺术家开展各种各样的活动。最终使得原本工厂密集的北加贺屋地区聚集了大量艺术家和设计师等创意工作者，使得地区的形象焕然一新。这项举措被称为"北加贺屋创意村构想"。

[5] NPO 法人 Co.to.hana。

"女强人"亨丽埃特

亨丽埃特·巴奈特

● 女强人

亨丽埃特·巴奈特作为希尔的左膀右臂，对住宅改善运动和慈善组织协会的活动等贡献良多，作为塞缪尔·巴奈特的妻子为汤因比馆的睦邻运动牵线搭桥。其后她还主导了汉普斯特德园郊的开发，创造出了世界上最成功的郊区住宅地。

在距今100多年前的英国，女性活跃于社会活动可谓相当困难。那亨丽埃特到底是一个什么样的人呢？

当我向在伦敦汤因比馆和汉普斯特德园郊等地方遇到的专家们询问亨丽埃特其人时，他们都一致回答"她是一位女强人"。

● 亨丽埃特·罗兰

1851年，亨丽埃特·罗兰

作为家里八个孩子里最小的一个，出生在一个富裕的家庭。她的母亲在生下她的六天后就去世了，所以她实际上是由父亲、兄长和姐姐养大的。

当时即便是成长在富裕家庭，女性也很少有机会接受教育、从事职业等。当然，当时女性也几乎不会去学校，不过因为亨丽埃特执意想要学习，所以就得以在小学课堂角落学习。这时就已经可以看到"女强人"的影子了。

进入16岁之后，亨丽埃特在一所继承了詹姆斯·欣顿（James Hinton）思想的寄宿制学校学习。亨丽埃特在这里造访了救济院，也到贫民窟开展社会工作。经历过这些之后，她就对社会问题产生了兴趣。

19岁时，亨丽埃特作为解决

社会问题的慈善组织协会的成员，开始活跃在希尔负责的地区。据说在一起工作的时间里，希尔向亨丽埃特多次介绍了罗斯金的思想。亨丽埃特敬重希尔，也对希尔介绍的罗斯金的思想着迷。

此外，亨丽埃特后来和塞缪尔·巴奈特结婚时，把自己的名字改成了"亨丽埃特·奥克塔维亚·韦斯顿·巴奈特"（Henrietta Octavia Weston Barnett），把她所尊敬的奥克塔维亚·希尔的名字加了进去。

● 进入白教堂地区

亨丽埃特在出席希尔主持的生日会时，在会场经介绍认识了塞缪尔·巴奈特（图1）。

两个人虽然坐在一起，但是亨丽埃特对于年长7岁的塞缪尔的印象却只有"沉闷无趣的中年人"而已。这个说法也能隐约看出亨丽埃特"女强人"的一面。而另一方面，塞缪尔则对在欣顿、希尔和罗斯金等人的博爱主义者的围绕中成长起来的亨丽埃特会成为什么样的人充满了兴趣。

亨丽埃特一开始并没有结婚的想法。由于她崇拜希尔，所以也想像她一样作为一个不结婚的社会活动人士奉献出自己的一生。然而因为希尔把塞缪尔介绍给了她，所以她也不能对塞缪尔过于冷淡。其后一起在慈善组织协会等活动中共事的亨丽埃塔和塞缪尔渐渐开始了解彼此，最终亨丽埃特在21岁时和塞缪尔结婚了。

他们两人结婚之后，就搬到了伦敦市内贫窟化发展严峻的东区白教堂地区居住。这片地区建筑物密集，是个只有面向昏暗小巷的住宅的地方。自然住宅条件就非常恶劣了。人们睡在地下室那样潮湿的地方，碎裂的窗户就只能用纸张和破布修补，木制的扶手基本上被当作暖炉的

图1 19世纪80年代初的巴奈特夫妇

柴火烧掉了。墙面开裂，里面是满身细菌的老鼠，卫生状况恶劣至极。

亨丽埃特为这片地区的住宅条件感到焦虑。她专注于妇女和儿童，为改善社区的生活质量而奔走。

她考虑通过为妇女的生活提供帮助，给孩子们提供教育的机会等方式，经过一段时间后改善环境。

● **为女性而努力**

1874 年，23 岁的亨丽埃特在白教堂地区成立了母亲会议。这个会议的目的在于召集当地的母亲们，教授道德和家庭伦理等，让她们养成存钱的习惯，与她们交流生活上的烦恼，为她们创造交友的机会。亨丽埃塔曾说"女性不仅要为家庭做贡献，还要跨越家庭，为当地做出贡献"。

通过这样的活动，女性们设立了文学学习俱乐部等组织，营造出利于女性就业的机制。

特别是当时单身母亲常成为被劳动压榨的对象，所以她们就支持这些单身母亲，让她们能够找到合适的工作。

次年，24 岁的亨丽埃特成为救济法的当地评议员，进出收容贫民的救济院。

此外，亨丽埃特访问当地贫困家庭的次数也多了起来。她会在访问时告诉女性们学习的重要性。同年，亨丽埃特和希尔的朋友一起设立了支持女性成为家政服务行业工作人员的协会。这个协会为年轻女性提供教育机会，把年轻的母亲召集到一起，也会在巴奈特夫妇位于汉普斯特德·西斯的别墅举办训练营（图 2）。最终，在第一年有192 名女性找到了家政工作。在这个协会学习从而找到工作的女

图 2　在位于汉普斯特德的巴奈特夫妇的别墅里举办的家政训练营

性们也渐渐开始支持更年轻的女性们。这和随后在汤因比馆实施的女性生活改善计划息息相关。

● 为孩子们做出的努力

同对待女性一样，亨丽埃特也为贫困儿童提供了帮助。

巴奈特夫妇租下了他们居住的白教堂地区的牧师住宅后面的废弃学校，为当地的孩子们提供教育。这项举措后来促成了"儿童乡村假期基金"（Children's Country Holidays Fund）的设立。该项目旨在带领儿童远离空气污浊的伦敦到郊区远足，现在也以汤因比馆的"Be Active"项目形式在继续。

后来亨丽埃特在 45 岁时成了整个白教堂地区的救济学校的评议员。在救济学校上学的孩子很多在救济院劳动，但是亨丽埃特对在学校上课时间以外让孩子过度劳动这一点提出了批评。他们没有机会接触玩具，不去主日学校*，没有机会在学校墙面上画画，没有机会享受音乐，不能和宠物亲近，也不被允许接触墙外

的世界。

为了改善这样的状况，亨丽埃特建造了一个可以出借书本的图书馆，分发了玩具，开展了与富裕人家较多的伦敦西区的孩子们交流的活动。此外，她也向政府提出了保护孩子人权的制度方案，在 1903 年开始得以保护无家可归的儿童。更在 1907 年颁布了用于少年犯保护观察相关法律。亨丽埃特的社会工作催生出了各种不同的制度。

● 设立汤因比馆

让我们把话题拉回亨丽埃特年过三十的时候。当时投身于推动帮助白教堂地区的女性和儿童的活动中的亨丽埃特虽然已经获得了一些人的支持，但是为了改善地区整体环境，她还需要有更多的同志。

此时，亨丽埃特的朋友格特鲁德·汤因比就把巴奈特夫妇请到了牛津大学。应邀而来的巴奈特夫妇在牛津大学与学生会面，共同交流了社会问题。

其中之一就是格特鲁德·汤

---

* 主日学校，又名星期日学校，sunday school，18—19 世纪英、美诸国在星期日为在工厂做工的青少年进行宗教教育和识字教育的免费学校。——译者注

因比的弟弟阿诺尔德·汤因比[1]。他在牛津大学听过罗斯金的课，对社会问题有深入的思考。此外，他还主持了学校内关于贫困的研讨会，俨然是同龄人中的佼佼者。

阿诺尔德·汤因比对姐姐介绍来的巴奈特夫妇的实践深有同感，立马就召集伙伴一同前往白教堂地区。他们开始与当地居民一同为改善当地环境而奔走。这项举措在学生中也成为热门话题，牛津大学和剑桥大学等的学生们开始住到伦敦东区和白教堂等地区开展活动。

然而原本就病弱的阿诺尔德·汤因比于1883年3月去世了，年仅30岁。当时31岁的亨丽埃特和学生们为他的去世而悲伤，但同时也发誓要将活动进一步发扬光大。于是巴奈特夫妇租借了当地的空置房屋供学生生活。学生们募集资金组建了大学睦邻协会，买下了旧校地建设成了社区福利服务之家。

这样仅仅在汤因比去世后21个月后，社区福利服务之家就建成了。关于这个场所的名称，按照学生和亨丽埃特的强烈愿望被命名为"汤因比馆（图3）"。第一任馆长由亨丽埃特的丈夫塞缪尔·巴奈特担任，直到1906年为止。英国圣公会称赞塞缪尔的活动，于1895年赐予他主教座堂成员，也就是"（在大教堂任职的）教士"（Canon）的称号[2]。

图3 现在的汤因比馆。面向通道的建筑是新扩建的部分。从左侧的树木和右侧的建筑物之间穿过往深处走就是汤因比馆的建筑

139

● 在汤因比馆内的活动

汤因比馆的活动：社会教育相关活动，有老幼皆可参与的大学公开讲座。虽然在汤因比馆设立之前，亨丽埃特就已经在举办这样的活动了。如今是在牛津大学、剑桥大学及伦敦大学的协助

下开展课程，学费设置低廉，通过所有的考试之后就可以获得大学毕业资格。同时也开设"夜大"，教授语言、文学、伦理、自然科学、音乐、美术、手工艺等。此外，作为同好会活动也会举办博物学会、考古学会、旅行俱乐部、医院会（志愿者俱乐部）、少年少女生活团等。从汤因比馆设立之前，亨丽埃特面向儿童设立的"儿童乡村假期基金"活动也依然在举办（图4）。

除此之外，这里还会举办展览和音乐会等文化活动，以充实贫困人群的生活。巴奈特夫妇和罗斯金、莫里斯等人有来往，他们也会介绍朋友来汤因比馆开办艺术活动。亨丽埃特会向住在富裕的伦敦西区的朋友们借来画作，

然后在汤因比馆举办"巴奈特社区艺术展览"。这个出于亨丽埃特强烈的愿望而持续举办的为住在伦敦东区的居民们营造艺术鉴赏场所的展览的支持者也逐渐增多，于是就顺利设立了白教堂艺术画廊[3]。因为这个关系，白教堂艺术画廊每年都会把汤因比馆的艺术活动中创作出来的作品拿来展出，举办"年度展览"。如今展览仍在白教堂艺术画廊持续开办。

另外，汤因比馆现在仍在进行的法律顾问项目是在设立之初就有的，可以说是充实当地居民生活的必要项目。此外，汤因比馆还开展了大量其他活动。比如为当地的合作社和工会提供帮助和合作，向市议会和区议会输送议员，通过社会调查明确社会问

图4 汤因比馆内部。右侧的墙面可以看到巴奈特夫妇的肖像画。墙面上方一字排开的校徽来自与汤因比馆合作的各个大学

题等，以图改善当地的状况。特别是社会调查，颇具先锋性。据说查尔斯·布斯（Charles Booth）的《伦敦调查》*及查尔斯·阿什比的《伦敦调查》（Survey of London）等（图5），都是以在汤因比馆的研究会为契机开始的[4]。

● 汉普斯特德园郊

在汤因比馆的实践于1902年告一段落，51岁的亨丽埃特了解到地铁北线将要延伸，并在汉普斯特德·西斯附近建站。巴奈特夫妇在汉普斯特德·西斯有一处别墅，他们与汤因比的子女以及女性们在别墅里开展各种项目，亨丽埃特开始担心地铁线的延伸会造成胡乱开发住宅而破坏周边的自然环境（图6）。

于是她立刻设立了"汉普斯特德·西斯扩张委员会"，制订了购买和保护西斯扩张土地的计划。在召集了众多合作者的同时，取得了汉普斯特德市当地政府部门的理解，亨丽埃特于1905年公布了开发方针，即：①为所有阶级、

图5 阿什比在汤因比馆开始写的《伦敦调查》报告书的封面。其后这个调查也定期开展，如今也在伦敦继续

图6 现在的汉普斯特德·西斯扩张部分。橄榄球场和茂密的森林得以保留

---

* 应当指的是 Life and Labour of the People in London，《伦敦人民的生活与劳动》。——译者注

所有收入人群提供住宅；②保持较低的房屋密度；③街道宽阔并种植行道树；④地块边界使用植栽而非墙壁隔开；⑤森林和公园等，所有人都可以自由使用；⑥营造安静的住居；等等（图7～图10）。

实际进入住宅开发阶段后，参考了先行开发的莱奇沃思的开发方法。设立了和莱奇沃思一样的"汉普斯特德园郊信用公司"，发行债券以筹集资金购买土地。另外又设立了"合作承租人公司"，同样发行债券以募集资金建造住宅。

住宅地的规划和莱奇沃思一样，也是由雷蒙德·昂温制作的。昂温在制定整个住宅地的基本规划时，在住宅地和西斯之间设计了一个隔断用的"长城"，以防止将来住宅地开发破坏西斯的自然环境。另外，位于住宅地中心的中央广场、教堂和社会教育设施"研究所"（Institute）等，是由埃德温·鲁琴斯（Edwin Lutyens）负责设计的（图11～图16）。

亨丽埃特在汤因比馆和不同阶级的人交流，帮助他们互相学习。同时在创造汉普斯特德园郊时也试图让它能够容纳不同阶级的人们一起生活（图17）。

最初开发的地区正如亨丽埃特所想，准备了1/3的住宅供劳动阶级的人们居住。另外，由于开发预算紧张，随后开发的地区无法为劳动阶级提供住宅。最终汉普斯特德园郊建造了大量高级住宅，整体上供劳动阶级使用的住宅只占了约10%的面积，与亨丽埃特的理想大相径庭。如今的汉普斯特德园郊在人们眼里是一个高级住宅地，房价超过一亿日元*的住宅比比皆是。

对亨丽埃特来说，女性和儿童也能过上健康的生活是她的目标之一。她坚信教育资源应该分配给所有阶级的女性。于是在1909年建造了社会教育设施"研究所"作为女校。虽然也遭到了一些人的反对，但是亨丽埃特以她不屈的精神扛住了挑战，于1911年在研究所内成立了名为亨丽埃特·巴奈特学校的女子中学（图18）。女子中学建成后，亨丽埃特经常参观，并与女学生们聊聊各地见闻和她们感兴趣的话题。

---

* 本书出版时约人民币 550 万元。——译者注

图 7	图 7
图 8	图 9
图 10	

143

图 7　现在的汉普斯特德园郊的住宅。住宅规划布局密度低、绿植多

图 8　住宅边界基本用植栽隔开

图 9　戈尔德斯格林地铁站（Golders Green tube station）附近诞生的新住宅地以及汉普斯特德园郊的广告。广告描绘了一个从事园艺工作的男性形象，可以说非常划时代

图 10　住宅地后面有一个只有居民知道的市民农园。要前往这个农园，需要通过住宅之间的狭窄通道，所以基本上没有来客会注意到这个入口

图 11	图 12
图 13	图 14
图 15	图 16

图 11　汉普斯特德园郊信托公司所在的建筑，依旧保持着亨丽埃特当初指定的建筑设计

图 12　汉普斯特德园郊的住宅大多由昂温设计，所以和莱奇沃思花园城市的街道有些相似

图 13　长城自身正在进行抗震加固和接缝修复，以修复整修中曾经留下的接缝

图 14　1935 年的埃德温·鲁琴斯

图 15　汉普斯特德园郊中央的航拍照片

图 16　中央广场上的亨丽埃特纪念碑

图 17　亨丽埃特生活过的住宅，位于中央广场附近

图 18　被亨丽埃特改成女子中学的研究所。面向中央广场而建

145

● 超越责任自负的理论

　　塞缪尔·巴奈特对于妻子亨丽埃特做过如下表述："亨丽埃特虽然也做家务，但同时也投身于汤因比馆的运营和白教堂地区的改善，并且主导了汉普斯特德园郊的开发。她不仅作为女性守护着家庭，也守护着千万人的生活。"受到欣顿、希尔和罗斯金的影响的亨丽埃特如塞缪尔所预料的，成为一个博爱主义者和社会改革家。她不仅是一个被丈夫塞缪尔保护着的妻子，也是一个有着自己独立的立场活跃于世的人物。亨丽埃特 1888 年在《慈善组织协会可以为社会改革做些什么》*一书中这么说过："我们应该要关注一个人自己想要怎么生

* 可能指的是 *Practicable Socialism: Essays on Social Reform*，即《实用社会主义：社会改革论文集》。——译者注

存下去。社会的状况有时会破坏人的生活。巨大的力量有可能会将这个人的梦想撕扯得支离破碎。这不仅仅是一个人的努力或者责任等方面的问题。"亨丽埃特在丈夫塞缪尔（享年 69 岁）离世后的 23 年以 85 岁高寿与世长辞。

注：

[1] 阿诺尔德被信仰坚定的同伴们称为"使徒阿诺尔德"。可见，他是一个深受爱戴的人。阿诺尔德的父亲是约瑟夫・汤因比（Joseph Toynbee，1815—1886）。约瑟夫将长子的名字从威廉・华兹华斯改为威廉・汤因比（1850—？）*，将次子的名字从马修・阿诺尔德**改为阿诺尔德・汤因比（1852—1883），将小女儿的名字从威廉・泰勒・柯勒律治***改为格蕾丝・柯勒律治・汤因比（1858—1913）。想必是因为对诗人带着憧憬吧。此外，约瑟夫还有个长女格鲁特・汤因比（Gertude Toynbee，1848—？****），是比阿诺尔德年长四岁的姐姐。另外，阿诺尔德还有个小九岁的弟弟哈里・瓦比・汤因比（Harry Valpy Toynbee，1861—1941），他的儿子是历史学家和社会活动家阿诺尔德・约瑟夫・汤因比（Arnold J. Toynbee，1889—1975）。也就是说，历史学家汤因比继承了叔叔和祖父的名字。

[2] 紧挨着汤因比馆的学校的名称是"巴奈特教士小学"（Canon Barnett Primary School）。

[3] 约翰・罗斯金在这个白教堂艺术画廊设立时也提供了支持。这个画廊位于距离汤因比馆步行 5 分钟的地方。

[4] 企业家查尔斯・布斯投入个人财产对伦敦市民的生活和劳动做了相关调查。汤因比馆的住宅活动家们参与了这个调查，并整理成十七卷的《伦敦人民的生活与劳动》。以该调查为契机，汤因比馆发起了"调查俱乐部"，依次发布了《伦敦东区失业问题调查》《简易住处的调查》《儿童营养调查》《建设行业从业者的失业问题调查》等。

---

* 未查到详证，名字为音译。——译者注
** 未查到详证，名字为音译。——译者注
*** 未查到详证，名字为音译。——译者注
**** 经查应该是去世于 1925 年。——译者注

第五章

埃比尼泽·霍华德

（Ebenezer Howard, 1850—1928）

英国城市规划家，社会改革家，发明家。在宣讲大城市的害处时，设想了一种工作和居住一体的社区形式的田园城市，对随后的现代城市规划产生了重大影响。

人口向城市集中和对田园的憧憬

罗斯金被称为"维多利亚时代的人"，因为罗斯金（1819—1900）和维多利亚女王（1819—1901）同年出生，基本在同一时间段亡故。维多利亚女王于 1837 年即位，从这时候开始，乡村的人们就开始搬迁到城市中。

1840 年左右，英国总人口有六成住在乡村，城市人口只占总人口的四成。然而 10 年后的 1850 年左右，一半的人口住在城市；1900 年左右，英国七成以上的人口住在城市里，人口向城市迅速集中。

有趣的是，正好 100 年后的日本也发生了相似的人口迁移。1940 年前后，日本总人口的约八成住在乡村，然而到 1950 年前后减少到了六成，到 2000 年前后减少到了两成。也就是说，住在城市里的人口达到了总人口的八成。人口向城市集中的程度比 100 年前的英国更为极端。

人口集中带来的结果是伦敦市中心人们怀念田园生活的呼声高涨。人们需要建立人和人之间的联系。当时伦敦市中心的卫生状况极其恶劣，疾病肆虐，犯罪多发。人们即便怀念着田园生活，也信奉没有在工厂劳动赚来的薪水就无法生存，于是就只能继续忍受住在市中心。

罗斯金对这样的工作方式和生活方式提出了异议，而莫里斯则寻求一种理想、田园式美好的生活方式。此外，阿诺尔德·汤因比和塞缪尔·巴奈特为了给市中心的工人们准备学习的场所，帮助他们摆脱贫困发起了睦邻运动。奥克塔维亚·希尔为了或多或少地改善市中心的生活，也在开展住宅改善运动。

另一方面，在市中心出生成长起来，没有经历过田园生活的人们也对田园生活产生了憧憬。莫里斯的徒弟、工艺美术运动的领头人查尔斯·罗伯特·阿什比和他的朋友，以及朋友、家人一共150人离开了伦敦，搬到了奇平·卡姆登（Chipping Campden）郊区。

对于100年后的日本而言，社区设计所追求的或许和彼时的英国有着相似的背景。离开东京搬到其他地方居住的人数不断增加也极其相似。这样想的话，对于现在八成住在城市里的日本人来说，从100年前在英国发生的各种运动中获得启发也是非常自然而然的事情。事实上，这个时代发生在英国的许多运动可以作为我们正在从事的社区设计的参考。

霍华德受到的各种影响

埃比尼泽·霍华德于1850年生于伦敦市中心，当时英国总人口的一半居住在城市里。他比前文提到的罗斯金和维多利亚女王年轻30岁，比莫里斯和希尔等年轻约15岁。汤因比和霍华德基本是同一代人。不过和罗斯金、莫里斯、汤因比不同，霍华德出身工人阶级家庭，所以没有念过大学。父亲是经营着伦敦市内几处面包房的经营者，母亲是有田园生活经历的农家女。在霍华德出生的次年（1851年），伦敦万国工业博览会召开了，在霍华德成长的时代，英国正处于经济高速成长期。

霍华德 15 岁那年从学校毕业，并在一家股票交易公司担任文员。同时也在一所职业学校学习速记。此外，他还加入了莎士比亚戏剧圈子，以业余演员的身份活跃其中。再后来几年中，平时沉默寡言的霍华德能够在公众面前公开发表演讲或许也是因为在这个戏剧圈子训练的缘故。

21 岁那年，霍华德和伙伴共 3 人移居到了美国，在内布拉斯加州租用了一个农场开始从事农业工作，或许是受到母亲娘家是农家的影响，也可能是因为有摆脱当时伦敦恶劣的生活环境的想法。无论何者导致的，他向往着田园生活，所以来到异国他乡种植玉米，但是因为收成不好，无法靠农业工作养活自己。他受雇于和他一起远渡重洋来到美国的一位朋友从事农业工作，后来意识到自己并不适合农业工作而早早搬到了芝加哥。

图 1　弗雷德里克·奥姆斯德（1822—1903）。美国的景观建筑师。设计了包括纽约中央公园在内的美国国内多个公园、庭院和郊外住宅地等。图中是 71 岁时的奥姆斯德

霍华德搬到芝加哥之后，在一家速记公司就职。当时的芝加哥正处于从 1871 年的大火灾中恢复的过程中，为了防止火势蔓延，市区街道在各处设有绿地，因此被称为"田园城市"。此外，被称作美国第一位景观设计师的弗雷德里克·奥姆斯德（Frederick Law Olmsted）于 1869 年设计的里弗赛德*郊区住宅地刚建成（图 1、图 2）。霍华德

---

* 或河滨市，Riverside。——译者注

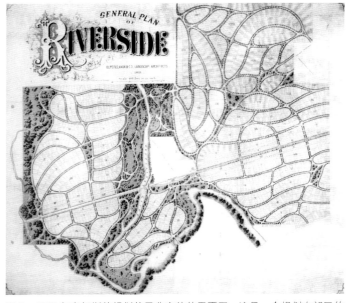

图2　1869年奥姆斯德规划的里弗赛德的平面图。这是一个规划在郊区的美国早期花园城市。住宅地呈叶状分布，如同被规划成了一个个村落，外侧则一定会和绿地相接

住在芝加哥的这五年间想必也去这个最新的住宅地考察过[1]。芝加哥的经验很可能是之后霍华德发明田园城市的契机。

1876年，26岁的霍华德因为思乡而回到了英国。回到伦敦的霍华德在一家负责国会审议会议记录的速记公司就职。这里的工作使霍华德意识到了社会上存在的问题和政策的形式。之后霍华德读了很多书，开始思考理想的城市的存在形式。在伦敦市内步行到法院上班的霍华德或许一边看着满是烟尘的城市，一边在思索理想的城市。

霍华德 29 岁时结婚，在拥有了工作和家庭后，霍华德便渐渐开始了对理想社会的学习。伦敦有多种学习会，年轻人齐聚一堂一起讨论，聚集在这里的年轻人都是担负着经济高速成长的上一代人们的孩子，他们寻求的不是产业和经济的成长，而是充实的生活。同一辈的汤因比把这记述为"从工业革命到生活革命"。汤因比本人也在多个地方开展这样的学习会，这也和后面的睦邻运动息息相关。

可以说那个时代的氛围和如今的日本是相似的。担负着经济高速增长时期的婴儿潮一代的孩子正喊着"从物质丰富到心灵丰富"的口号探寻着真正的富足。当我还是高中生时就拜读了晖峻淑子所写的《何为富足》*，其后就一直在坚持不懈地求索所谓"真正的富足"。我从物理意义上设计建筑和公园等，转行到设计人与人之间的联系的工作或许也是因为这种时代的变化。

《回顾》带来的冲击

1888 年，美国的社会主义者爱德华·贝拉米（Edward Bellamy）出版了小说《回顾》。这本小说以 2000 年的波士顿为舞台。主人公朱利安·韦斯特是一位富有的青年，为身边都是穷人自己却做不了什么而烦恼。他有幸能上大学，但却不知要如何贡献社会。他为自己该如何生存下去而烦恼失眠，便请催眠师让自己能入睡。这一睡就是 113 年，等他醒来的时候，

---

* 『豊かさとは何か』。——译者注

已经身处 2000 年的波士顿了。故事由此展开。

小说里那个时代已经实现了无比幸福的社会。所有工作都是由国家分配的，艰苦的工作可以在短时间内完成，而有趣的工作可以长时间投入。每个地区有国家准备好的豪华餐厅，每个人都可以在这里自由享用。当然，在餐厅工作的人也是国家雇用的。所有土地归国家所有，并配备有公共设施和住宅等。住宅比较小，生活过得比较质朴。在这个未来的波士顿公共生活相对豪华而个人生活则相对质朴。

霍华德从美国的朋友那里作为礼物得到了这部名为《回顾》的小说，深受贝拉米描绘的未来社会感动，确信这才是理想的未来社会。霍华德想要在英国也出版这部小说，便自己联系了出版社签订了出售 100 册的合同。那么在当时伦敦市中心恶劣的环境中工作的工人未来如何才能接近贝拉米所描绘的社会呢？霍华德那时候就开始对未来城市展开了具体的思考。

同时期还有读了《回顾》后而被激怒的英国人，这就是莫里斯。莫里斯激烈批评了贝拉米这种由国家控制着每个人生活的集体主义未来社会形式，并立刻于 1889 年在莫里斯本人主持的社会主义者同盟的机关报《联邦》上刊载了对《回顾》的批评文章。贝拉米这种赞赏工业文明，描绘出被完全高效化的中央集权组织支配的看起来幸福的国民的行为也许是不可以的吧。莫里斯这时候出版了一本名为《约翰·勃尔之梦》（*A Dream of John Ball*）的小说，原本他打算描绘 14 世纪社会中幸福的生活，但立刻执笔改为描写与贝拉米所写不同的 21 世纪的社会的未来。

这幅未来景象在 1890 年作为小说《乌有乡的消息》出版。

故事的主人公在 1880 年的某个晚上和社会主义的伙伴们一起在议论"革命后的社会"，议论结束后疲惫不堪地回家里睡去，次日就身在 21 世纪的伦敦了。未来的伦敦没有密集的工厂、空气清新、绿意盎然，穿着服装为 14 世纪风格，人们年轻而富有同情心。社会不受国家管理，而是由每个地区的居民自治建立的。莫里斯描绘了一个与贝拉米描绘的未来社会完全不同的"通过地方自治来实现富足的未来社会"。

《明日》的出版

图 3　《明日》的封面。1898 年出版，1902 年出版了修订版。修订版除了几处更正，书名也改成了《明日的田园城市》

相继受到贝拉米和莫里斯所展示的未来社会的影响，霍华德开始致力于通过居民合作，实现由自治组织实现的未来社会。贝拉米的《回顾》出版后 10 年，莫里斯的《乌有乡的消息》出版后 8 年，霍华德于 1898 年出版了《明日：一条通往真正改革的和平道路》（简称《明日》）。霍华德委托莫里斯的机关报《联邦》的同一名设计师设计了封面（图 3）。通过居民自治实现未来社会，而非国家控制的未来社会可以说是霍华德理想的体现。

不过对于默默无闻的速记员霍华德来说，出版一本书似乎是一件异常艰难的事情。由于没有一家出版社愿意出版，他选择了听从朋友的推荐自费出版。第一版有 3 000 册，大部分由霍华德本人购买并赠给他的朋友们。

书名中"明日"以"TO-MORROW"的形式书写。可以按字面意思译作"明日"，不过如果把"MORROW"理解成早晨的话，也可以译作"向着黎明"。从书名中我可以感受作者的意志——在未来社会的曙光中我们应该做的事情，副书名是"一条通往真正改革的和平道路"。贝拉米和莫里斯等描绘的未来景象都伴随着革命。无论是在未来的波士顿还是在未来的伦敦，革命都将破坏现有的城市，实现一个空气清新、绿树成荫、人人幸福生活的社会。然而霍华德希望未来的社会可以以非暴力革命的形式实现，他想找到一条通往真正改革的和平道路。不是说伦敦的市中心环境恶劣就要以革命的方式推倒重来，而是要摸索出一条逐渐改善的和平的道路。

这个策略具体来说就是在距离伦敦 50 公里左右的地方建设大量理想城市，并逐步增加在这里工作和生活的人口，从而缓解人口向伦敦集中的状况。这些新城市是既有乡村的优点又有城市的优点的"田园城市"，人口上限 32 000 人，在新城市中有住宅和工作场所。霍华德洞察了住所离工作场所太远就形成不了社区的现象。所以，田园城市不能只有居住的地方，也必须要有工作的场所。霍华德的想法是在伦敦周围这样的理想城市变多后，人口就会从市中心向田园城市流动，伦敦也可以借此变成宜居的城市。

田园城市的存在形式

霍华德在《明日》的第一章引用了罗斯金的《芝麻与百合》里的文章。"住宅被设计成可以让人过上卫生、健康生活的形式，这样的住宅在有限的区域内以美观的方式集中建造。这些建筑布局合理，住宅区被墙围住。只要考虑到这些要点，就不会出现任何破旧的郊区住宅区等。住宅区内部有整洁热闹的街道，外部广阔的田园地带延伸出去，墙周围美观的庭院和果树园呈带状连接在一起，从住宅区的任何地方稍走几步就可以呼吸到新鲜空气，也可以极目远眺。这就是理想的住宅区了。"罗斯金所描述的理想的住宅区将由霍华德来化为现实。

《明日》经常在建筑和城市规划等领域被引用。然而描述物理空间的篇幅只占了全书的1/3左右。剩下的2/3，也就是全书十三章中第二章到第九章描述的全都是财政、公共服务和商业等相关内容。由此可以清楚地看到霍华德从城市的硬件层面和软件层面均衡地思考。最近的城市规划和社区营造项目中有种倾向，稍有不慎就会自始至终陷在"要创造什么"的硬件维护话题中，不过如果不和"要做些什么"这样的软件业务配套思考的话，就很难实现高质量的社区营造。在社区设计现场也经常需要和居民一起讨论软硬件平衡的话题，在这个时候霍华德的著作也会被拿来作为榜样使用。

让我们来仔细看看《明日》的内容。首先霍华德展示了三块磁铁（图4），分别是"城市""乡村"和"城市—乡村"，在磁铁的南极和北极写着文字。城市缺少自然气息，往往容易

156

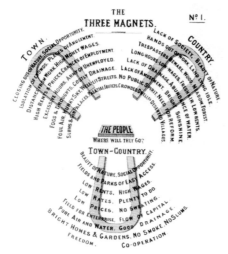

图4 著名的"三块磁铁"。人们被城市的高薪、霓虹街道和华丽的建筑所吸引，也为自然的缺失、孤独、长途通勤和肮脏的空气犹豫不决。同时，人们被农村地区美丽的自然风光、土地面积、清新的空气和灿烂的阳光所吸引，又由于工作时间长、工资低、缺乏社交和娱乐而犹豫不决。而第三块磁铁花园城市上却仅是城市和花园的长处。然后在中央写着："人们会往哪里去呢？"

被孤立在人群中，通勤距离长、租金和物价等高昂、住宅狭小、劳动时间长，排放的尾气等导致空气污染。但是在城市里与人相遇的机会多、游玩场所多、薪资水平高、工作场所多及富丽堂皇的现代建筑多。在乡村与人相遇的机会少、工作场所少、薪资水平低、游玩场所少、排水设施等不完善，不过却有美丽的自然风光，有未被使用的土地、空气清新、房租便宜，还有充足的水资源和阳光。城市和乡村分别有其好的一面和差的一面，人们会一边权衡利弊一边选择一处生活。这正恰似被某一方的磁铁吸引过去一样。

　　不过霍华德又拿出了第三块磁铁——"乡村—城市"。其上写着尽是两者的优点：自然风光美好、房租便宜、工作场所多、薪资水平高、有许多活动、有许多和人相遇的机会、排水设施完善、空气清新、住宅和庭院都宽敞。如此理想的城市将通过自由与合作来实现。霍华德所提出的田园城市正是这种结合了城市和乡村的优点的城市。

在地区的社区设计现场，经常需要在一开始就列出自己居住的区域的"优点"和"缺点"，这就是为了在每一个地区都能像霍华德的三块磁铁展示的那样明晰这些优缺点。换句话说，就是要居民自身能意识到需要开展什么样的活动去加强优点并克服缺点，按照"先共享目标方向，再转向社区营造实践"的步骤（图 5）。

霍华德所描绘的田园城市人口上限是 32 000 人，这据说是建立直接民主制需要的规模，与我们在从事社区设计工作时感受到的人口规模一致。在约 3 万人的自治体内，与地方型社区的各位交流尚能顺利推进。超过这个人数后，仅仅和地方社

图 5　爱知县安城市开展的工作坊活动。我们与当地的居民们讨论了当地的魅力和存在的问题。在讨论中，我们把玩具巴士放在地图上，和居民们一起进行一场模拟旅行，从而发现当地的魅力和问题，并一一记下

区交流就不够了，往往还需要邀请其他团体如主题型社区等参与进来。对于在 3 万人以下规模的自治体里实践的社区设计往往能够产生特色项目的原因，我认为也是如上所述。从这个意义上说，霍华德所设计的 3 万人规模田园城市从社区设计的角度来看也是妥当的。

霍华德认为田园城市的外侧应该永远固定为农业用地，当人口超过 32 000 人时，应在边远地区创建另一个田园城市。田园城市的大小为 2 400 公顷，400 公顷土地用于建造住宅区，外侧 2 000 公顷固定为农业用地。在他的设想中，400 公顷的住宅区里住着 30 000 人，而 2 000 公顷的农业用地上住着 2 000 人。

另外，出于工作地点靠近住所的原则，在农业用地以外也要设有工作场所。住宅区内有工业和商业场所，居住在田园城市里的人大部分可以在这里工作。如果工作场所和生活场所距离过远，通勤时间就会变长，并且社区意识也就很难形成。所以，霍华德试图在田园城市内部创造出住宅和工作场所。

"社区设计有什么困难的地方吗？"我曾被这样问过。如果要回答的话，那就是在新城镇很难做。日本的新城镇基本上已经"睡城"化了，很多人通勤到市中心上班。因此就算在新城镇开展工作坊，基本也是没有青壮年来参加的。参与者人数少得就好像对自己居住的街区的将来完全没有兴趣一样。霍华德提出的田园城市虽然已经包含了工作场所，但是后来出现的花园郊区概念里就没有工作场所了，只是作为到市中心通勤的人们生活的场所。日本已经实现的新城镇基本以这种花园郊区为模板，基本没有考虑过工作地点要靠近居住的地方。

田园城市的空间和运营

　　霍华德所描绘的田园城市的中心有庭院，周围排列有市政厅、美术馆、剧场、礼堂、医院等公共设施。从中心再向外呈同心圆分布有公园、第五和第一大道。靠近中央的第五大道上架设有拱廊，作为商店街吸引了很多人聚集。第三大道是一条宽阔的主要街道，周围是鳞次栉比的拥有宽阔庭院的住宅。在这个住宅区的外侧林立的是工厂，再向外是环状的铁路线。在设想中，工厂里生产的产品通过在外侧的环状铁路上行驶的列车运送到别的田园城市和伦敦市中心等。铁路线的外侧是广阔的农田，承担着防止市区无序扩张的作用（图6）。

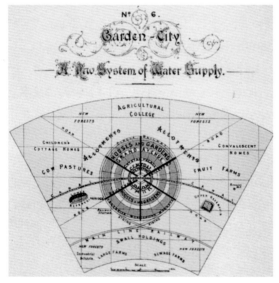

图6　霍华德提议的田园城市的概念图。田园城市的中央有一个广场和公园，面向外侧的依次是拱廊街道、住宅、中央街道、学校、商店、工厂、铁路和道路。农用地向更外侧延伸

当然在设想中，在这些农田中收获的农产品等也会通过铁路运往比较远的地方，大部分会运到城市的市中心并在商店街出售。农田毗邻商店街，使得农民能够种植高附加值的农作物。反之，下水道从位于市中心的住宅连接到周边的农田，这样排泄物可以作为农田的堆肥。此外，出于收集雨水高效利用的考虑，田园城市到处设有水路（图7）。地下还设有一条综合管廊，里面不仅有供排水管和电线等，还有能够瞬间把文件传送到远方的气动管[*]，全都是当时最新的技术。田园城市是一个高度规划的循环型城市。

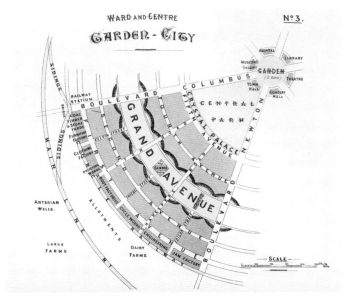

图7　田园城市的供排水系统图，提出了雨水蓄积系统和下水道系统等的方案。此外，还考虑了通过铁路和道路等方式与其他城市相连接

---

[*]　早期在欧洲流行的使用压缩空气推动管道中的包裹的货运方式。——译者注

田园城市内没有私有土地。2 400公顷的土地全都为公社所有。田园城市的住宅、工厂和农田全都可以出租，人们将地租和房租等支付给公社。居民们每个人都持有一股公社股份，土地开发收益都将给居民分红。城市的运营由居民代表组成的中央委员会决策。人们缴纳的地租和房租等的使用方式都由中央委员会一同决定。

中央委员会下属三个部门委员会。公共管理部门委员会承担财务、税务、法务和检查的职责。社会教育部门委员会负责讨论教育设施、图书馆、娱乐设施、浴场和洗衣区等。建设部门委员会负责讨论道路、铁路、公园、给排水管、电力和照明等。这些就是田园城市的运营组织，全部都以居民自治为根本。这些部门委员会的会长和副会长组成中央委员会，共议田园城市整体发展方向（图8）。

图8 莱奇沃思花园城市的管理概念图。从中间开始，有评议会、公共管理部门（法律和财政等）、社会目的部门（图书馆和学校等）、技术部门（道路和公共交通等），更外侧绘有第三中心及NPO等

除了这个运营组织之外，田园城市内还鼓励居民成立慈善组织、宗教组织和教育组织等。人们相信多样化的组织将丰富城市生活。田园城市不只是空间的排列组合，而是充分考虑运营组织的形式和人与人之间的联系的重要性等的理想城市。

此外，在霍华德之前提出过理想社会概念的欧文、傅里叶和圣西门等人由于被马克思和恩格斯等称为空想社会主义者，所以霍华德在《明日》中使用了相当篇幅说明了田园城市的经济收支问题，用数字表明了32 000人支付的地租和房租可以做多少事，证明了田园城市不是空想，而是可以实现的城市。

田园城市协会的设立

出版了《明日》的霍华德可能也曾希望这本书能像《回顾》和《乌有乡的消息》等一样畅销。然而在《明日》出版后次年设立田园城市协会的时候，协会成员只有区区12人。霍华德和这12名志愿者一起为了改革伦敦制作了小册子长期开展启蒙活动，通过办演讲会热情洋溢地阐述了田园城市的理念。

当时霍华德看到了国会议员拉尔夫·内维尔（Ralph Neville K.C）高度评价田园城市的杂志文章，就马上造访了内维尔，请他担任田园城市协会的会长。内维尔在接受了会长职务后，将率先实现了理想城市的巧克力工厂城市的所有者乔治·吉百利（George Cadbury）、肥皂工厂城市的所有者威廉·利华（William Hesketh Lever）等拉进协会，成为强有力的赞助者[2]。此外，还叫来了《旁观者》（Spectator）杂志的编辑托马斯·亚当斯（Thomas Adams）担任秘书长，从而一举加速了田园城市协会活动的开展。然后，1901年在吉百利工厂所在的伯恩维勒（Bournville）召开了田园城市协会的第一

图 9 1932 年的雷蒙德·昂温。他是威廉·莫里斯所崇拜的建筑家，和莫里斯一样热爱中世纪的街区。最终雷蒙德·昂温设计的莱奇沃思的住宅也具有中世纪街区的特征

次大会，1902 年在利华的肥皂工厂城市所在的阳光港口（Port Sunlight）召开了第二次大会。从 12 个人起步的田园城市协会在 1902 年会员达到了 1 500 人。其中还包括乔治·萧伯纳（George Bernard Shaw）、阿尔弗雷德·马歇尔（Alfred Marshall）、建筑家雷蒙德·昂温（Sir Raymond Unwin，图 9）和理查德·巴里·帕克（Richard Barry Parker）等[3]。

霍华德试图通过协会的 1 500 名会员的捐款来实现田园城市。但是内维尔和亚当斯认为捐款不会达到建造田园城市所需要的资金的程度，所以就设立了田园城市先锋公司（Garden City Pioneer Company）募集资金，从而实现了第一个田园城市。

莱奇沃思的建设

1903 年，田园城市先锋公司购入了位于伦敦北面 55 公里的莱奇沃思的 1 546 公顷的土地，开展了选拔城市设计师的设计竞赛，该年被提名的是昂温和帕克。昂温当时 40 岁，比霍华德年轻 13 岁。昂温的父亲是实业家，曾在牛津大学担任兼

职讲师，昂温通过父亲认识了莫里斯。昂温决定要成为建筑家也因受了莫里斯的影响，是一位同莫里斯同样钟爱中世纪街道的建筑师。霍华德当初虽然受到了贝拉米的未来社会的影响，但也逐渐对其国家主义的未来景象产生了质疑，转向提倡莫里斯提出的居民自治的未来社会，因此受莫里斯影响，昂温能够成为莱奇沃思的设计者对他来说应该是值得高兴的事。

昂温根据莱奇沃思的地形将霍华德使用圆形和直线描绘的概念图绘制成规划图，规划了具有莫里斯式中世纪聚落形象的城镇（图10）。此外，欧文还安排了一个空间用来实现合作生

图10　雷蒙德·昂温将霍华德所描绘的概念图沿着莱奇沃思的地形具象化绘制成的图纸。街道到每一处住宅，都是一个死胡同，这是考虑到了不要将过境交通带到生活空间里

活。比如说他提出了一种生活方式，在合作厨房为地区居民准备伙食以将女性从厨房劳作中解放出来。在莱奇沃思的一些地区虽然实现了这样的合作厨房，可惜的是仅仅数年后就废止了。

虽然此种合作的生活方式未能持续很长时间，但是生产者组建合作社以消除垄断，而消费者则组建协会以抵制购买不当定价和品质低劣的商品等，这样的机制延续至今。可以说这是霍华德从欧文那里继承下来的。正是因为田园城市包含了工作场所和生活场所，所以才得以实现这种生活方式（图 11、图 12）。于前一年丧妻的霍华德在 1905 年搬到了莱奇沃思，此后在这里生活了 16 年。

图 11　现在的莱奇沃思。雷蒙德·昂温试图表现的中世纪风格的街区。街区中绿意盎然，以步行可达的众多绿地为特征

图 12　莱奇沃思的商店街上有一家名叫"三块磁铁"的商店。可以说是规划者的概念图深入人心的证明了

莱奇沃思的矛盾

　　莱奇沃思建成后,最初搬过来的都是向往着自由生活方式的年轻人。他们都是赞同田园城市理念的居民,他们讨论着宗教、政治和教育等社会制度话题,是号召着"回到土地上"并享受着农业工作的人们。其中包括很多素食主义者和冥想者,有很多有志于简单生活、具有着艺术家风格的独特的人们(图 13)。

　　其后曾经在伦敦要支付高额租金维持业务运转的工厂也相继搬到此地。工厂汇聚在这里后,在工厂里工作的人也随之而

图 13　莱奇沃思刚落成的时候，聚集在此的怪人颇多。漫画中描绘的人物赤足蓄须不修边幅，服装也粗糙不合身，与现在讲究环保乐活的人也有相通之处

来，人口渐渐增多。莱奇沃思诞生了许多市民活动团体，一共有 80 多个市民活动团体，平均来算男性从属 3 个团体，女性从属 5 个团体。

　　莱奇沃思当初可以说是一个住着许多主张先进的生活方式，如环保和慢生活，以及"半农半 X（农业活动和其他活动取得平衡的生活方式）"等的人们的住宅区。这些人组织了饮食、教育、宗教和福利相关的圈子，为丰富田园城市的生活而努力。换成现在的日本，对于人口明显向市中心集中的日本来说，可以感受到同样为追求田园生活理想而搬迁的年轻人数量也在增加。这样的势头同百年之前的英国同样高涨。这些人非常重视人与人之间的联系，具有积极参与地区活动的倾向。在社区设计的现场，这些人往往能够营造出妙趣横生的活动，能够和周围的人们渐渐成为朋友。已经实现了富足的生活的人们重视与人相处的机会而不仅是出于生活方便，他们会渐渐把自己的圈子扩散开。莱奇沃思正因如此才会诞生80多个市民活动团体吧。

但是莱奇沃思也逐渐暴露出了它的问题。实现了先进的生活方式的莱奇沃思的居民都是比较富有的人，霍华德目标中的伦敦的工厂工人们却没有能力搬到莱奇沃思住下。最终伦敦的工厂工人们住在了建在市中心周围的廉价出租住宅里，过着从住所骑自行车到工厂工作的生活。伦敦的工厂工人未能像霍华德梦想中那样摆脱恶劣的生活环境。

为了解决这个问题，霍华德、昂温和亚当斯一同举办了"低成本住宅展"，向田园城市股份公司提出了建造低成本住宅的方案。虽然最终组织起来了提供面向工人的廉价出租住宅的协会，但是租金对于工厂工人来说依然无法承担。

在莫里斯拥有的莫里斯公司中也发现了这一矛盾。以让更多人能够用上精美的商品为目标而创业的莫里斯公司生产的精美商品因为工匠的手工艺导致价格高昂，最终只有富人才买得起。

对于商品和住宅来说，由于定价是不可避免的，所以能否承受就会因人而异。社区设计要与商品及空间等的设计保持距离的理由之一也在此。我们要做的不是提炼商品和空间，而是将我们能做的事情带入其中，在街区开展有趣的活动。这样营收多少就不是关键了，而是应该尽可能让更多人参与进来。活动场所可以是闲置土地、停车场或者闲置的店铺（图14）。先是要召集伙伴活动起来。在一段时间的活动之后必须提升空间质量时，再和伙伴们交流怎么负担成本。如果从一开始就搞出了需要富人才能消受的物件或者住宅的项目，那么基本上就是不可能有解决方案的。所以，社区设计的实践往往才需要与商品及空间等保持距离开展活动。

图14　广岛县福山市开展的"FUKU NO WA"＊市民活动中，市民找到空置的店铺，在没有政府介入的情况下依靠自己租借场地开展活动。照片上是市民在租借的空置店铺开展的"倾听者"活动。如今在咖啡馆里也会定期开展该活动

＊　可以理解为"福之环"。——译者注

亨丽埃特·巴奈特的花园郊区

进入 1906 年后，昂温把莱奇沃思的建设交给了内弟帕克（Richard Barry Parker），自己转而投入汉普斯特德园郊的设计中。而建造了这个新园郊的就是和奥克塔维亚·希尔一起投入住宅改善运动中，和设立了汤因比馆的塞缪尔·巴奈特结婚并在其后与丈夫一同推动了睦邻运动的亨丽埃特·巴奈特。亨丽埃特与希尔都和国民信托运动有关，不过她的保护地之一是汉普斯特德·西斯*。位于伦敦西北 5 公里外的汉普斯特德·西斯是一片宝贵的绿地，却因为铁路延伸段等原因被开发成住宅用地。亨丽埃特为了保护绿地而和开发商竞争，买下了 32 公顷的土地。此外，因为担心这片绿地周围也会被开发成住宅用地，她于 1906 年设立了汉普斯特德园郊信托，在购买了 100 公顷周边土地之后，委托昂温设计高质量住宅地。

这位名叫亨丽埃特的女性的行动力令人叹为观止。

汉普斯特德也有比较接近伦敦的地方，不过并不是霍华德所执着的同时满足"工作场所和生活场所"，而是对另一种生活方式的设想，即通过铁路实现到伦敦的通勤，为此而准备的"任何人都可以舒适生活的场所"。因为这种城市有不包含工作场所的内涵，所以就和田园城市区分开，称为田园郊区。

亨丽埃特以能容纳不同阶层的人居住的住宅地为目标，来解决莱奇沃思的矛盾点。准备了从面向独居者、劳动者等的住

---

* Hampstead Heath，也可称为汉普斯特德荒地。——译者注

宅，到配备有庭院的多种多样的住宅。并且还在住宅地中心设置了教育设施，开展以儿童教育和艺术教育为中心的居民教育活动。可以说是为了实现多阶层社区的必要的教育了。参与工艺美术运动的设计师们在这里担任讲师，开设有素描俱乐部、读书会、园艺教室、刺绣教室和艺术班等。此外，还举办了汤因比馆的夏令营和展览会等。简直可以说是在田园郊区开展的睦邻运动。

通过改善市中心的住宅品质，希尔使得伦敦变成了一个宜居的地方。霍华德则在远离伦敦的地方建造了一个魅力四射的城市吸引人们前往。在此期间，他也在思考如何改造伦敦。亨丽埃特则在两者之间，她摸索的是一条让各阶层的居民聚集到伦敦不远处的城市里，往返伦敦通勤的解决方案。对亨丽埃特而言，伦敦就是一个工作的地方，已经不是一个居住的地方了。

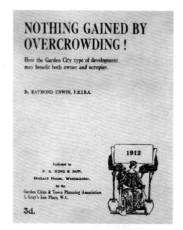

图15　雷蒙德·昂温所著《过度拥挤则一无所获！》的封面。他从莱奇沃思田园城市和汉普斯特德田园郊区的设计中得出的真知灼见汇集于此书中

设计了汉普斯特德园郊的昂温基于项目经验出版了《过度拥挤则一无所获！》（*Nothing Gained by Overcrowding!*）一书（图15）。他在这本书中提议必须设置以街区为单位共享的庭院，并在其中开展各种活动，以推动社会性团体的形成。可

以说是硬件层面上的社区设计了。这种思考带来的影响在美国的科拉伦斯·阿瑟·佩里（Clarence Arthur Perry）所著的《邻里单位》（*The Neighbourhood Unit*，出自 *Regional Survey of New York and Its Environs*）一书中也可见一斑。昂温和佩里等人主张"通过硬件开发促进社区形成"的理论固然重要，但是从社区设计的角度来看，我更想强调霍华德和亨丽埃特等人苦心推动的"通过软件事业促进社区形成"的重要性。

培养年轻人

1910 年霍华德 60 岁时，田园城市协会迎来一位名叫弗雷德里克·奥斯本（Frederick Osborn）的年轻人。奥斯本和霍华德一样，15 岁从学校毕业后就进入公司从事文员工作。20 岁时加入了社会主义者团体费边社（Fabian Society），在那里遇到了萧伯纳。萧伯纳把霍华德招来费边社介绍莱奇沃思。奥斯本在费边社从霍华德那里了解到莱奇沃思后，马上就造访了莱奇沃思，敲开了田园城市协会的大门。

当时萧伯纳认为霍华德主张的以股份公司形式经营田园城市的方式颇有难度。一方面由于股份公司必须要能盈利，而田园城市在当时的理念下很难保证繁荣。只要还想以股份公司的形式经营城市，就不得不把土地出让给能支付最多使用费的企业。萧伯纳认为田园城市最终还是应该由政府来经营，奥斯本受到萧伯纳的影响，认为在莱奇沃思之后的田园城市应该由政府来开发。当时加入了田园城市协会的奥斯本发起了一项运动，旨在在英国国内建设 100 个田园城市。当然，开发主体应该是各地政府。

而另一方面，霍华德是反对由政府来建设田园城市的。他执着于居民自治。1919 年，霍华德自愿在韦林（Welwyn）购买了土地，决定在那里建设第二个田园城市。霍华德向奥斯本委托道"等政府来建造田园城市就是在浪费时间。我想请您来指挥韦林田园城市的建设"。奥斯本以往都是依靠政府推动田园城市开发的，不过这时也不能拒绝霍华德的委托，于是就投身到韦林的开发中了。1921 年 71 岁的霍华德从莱奇沃思搬到了韦林居住，和奥斯本一起投入韦林田园城市的开发和运营中。虽然在霍华德去世后，奥斯本还坚持运营韦林田园城市一段时间，不过期间因为经营困难，最终还是将韦林田园城市交由政府管理。此外，随着英国政府出台《新城法案》（*New Towns Act* 1946），许多花园郊区也由政府开发了。

在 20 ~ 40 岁的岁月中，奥斯本都跟随着霍华德，无论是他自己还是在外人看来，他都算是霍华德的徒弟。如今我们读到的《明日的田园城市》（*Garden Cities of Tomorrow*）的序就是由奥斯本写的。最后霍华德期望的居民自治形式的田园城市并没有得到普及，而由政府主导的田园郊区却更多了。可以说，奥斯本这个年轻徒弟继承了霍华德的遗愿算是一大幸事。年过花甲开始培育弱冠之年的徒弟的霍华德有许多值得我们学习的地方。

田园城市的国际化

诞生于英国的田园城市运动也传向了欧洲各国。紧随英国在 1902 年设立了田园城市协会的是德国。在英国的德国大使馆工作的赫尔曼·穆特修斯（Hermann Muthesius）于 1904 年在德国出版《英国的住宅》（*Das englische Haus*）时也介绍了田园城市运动。受此影响，德国于 1909 年动工建造赫乐劳（Hellerau）田园城市，接着又诞生了法尔肯贝格（Falkenberg）田园城市。不过，这些都不是严格意义上的田园城市，只不过是不具有工作场所的田园郊区。

法国于 1911 年诞生了田园城市协会，虽然也建设了几个新城，不过这些住宅地也只能称为田园郊区罢了。

在美国，奥姆斯德的里弗赛德受到霍华德的田园城市影响，其后也继续从事田园郊区的开发。日本的涩泽秀雄在冬天造访了莱奇沃思，虽然失望而归，但因为此前在美国参观了奥姆斯德的儿子们设计的圣弗朗西斯·伍德（St. Francis Wood）田园郊区后大受感动，以此为理想于 1923 年把名为田园调布的住宅区付诸实践。

其后，日本也涌现出了许多田园郊区的开发案例，如千里新城、泉北新城和多摩新城等。这些田园郊区诞生至今已过半百了。当初的居民如今也年老了，地区年轻人和学校学生的数量不断减少。我们从 2014 年开始在泉北新城以社区设计的形式投入当地的地区营造活动中。泉北新城作为田园郊区开发，工作场所少，许多人往堺市和大阪等城市通勤。为了使这个新城能令年轻人也能感受到魅力的形式重生，我们一边回顾了霍华德和亨丽埃特等人曾经的努力，一边试图发明出一种硬件开发和软件事业浑然一体的地区营造的形式（图16）。

在城市规划领域闻名于世的霍华德希望人们称呼自己为"发明家"而不是"城市规划家"，他把田园城市看成自己的伟大发明。发明家的脑海中徜徉着什么，我们无从得知，不过一定不会把硬件和软件分开思考吧。无论先想到哪个，下一个瞬间两者一定会交杂在一起，诞生出新的奇思妙想。想必发明物的精度也是在这样的反复之中不断提升的。

图16　大阪府的泉北新村开展的"TSUMUGU项目"*。在形象业已固定的新村中，市民们自己找出新村的新的可能的使用方法，记录、编辑并传播出去，以招募更多的年轻租户前来居住。可以说，现在正处于一个需要更新正在变成旧村的新村形象的时代

---

* 文化厅、宫内厅和读卖新闻共同合作的项目的总称，旨在将与皇室有关的美术工艺品、国宝和重要文化财产等日本的美留给未来，并传播给世界。——译者注

晚年的霍华德试图改进他作为速记员使用过的雷明顿打字机，制造出新型的速记用打字机。虽然他为此债台高筑，不过他的梦想是在出售打字机之后，用利润去建设第三个田园城市。

1928年，霍华德78年的人生拉上了帷幕。

注：

[1] 现在并没有霍华德住在芝加哥时造访了奥姆斯德设计的里弗赛德的记述。不过在当时的芝加哥，里弗赛德是一个话题性的新城，作为速记员的霍华德没有参观过的话，有些难以想象，所以这边就作为笔者推测表现为"想必去过"。

[2] 乔治·吉百利是创设了巧克力公司的约翰·吉百利的儿子。吉百利巧克力是现在仍在市面上销售的一种牛奶巧克力商品。威廉·利华创设的利华兄弟公司于1930年和荷兰的人造奶油公司（Margarine Unie）合并成立了联合利华公司。

[3] 昂温受到罗斯金、莫里斯和汤因比的影响参加了社会主义同盟，在那里遇到了建筑师巴里·帕克。后与其姐姐埃塞尔·帕克（Ethel Parker）结婚，成为巴里·帕克的姐夫。

第六章

罗伯特·欧文

（Robert Owen，1771—1858）

他是英国社会改革运动的先驱，提出了建设理想社会的构想。在北美的一个合作社村庄遭遇失败后，回国投入合作社和劳工运动中。他是空想社会主义的代表人物。

前半生和后半生

这里我想聊聊对罗伯特·欧文的思考。欧文在前文中已经出场好几次了。1771年出生的欧文对其后出生的约翰·罗斯金的思想产生了影响，奠定了威廉·莫里斯的社会主义运动的基础，曾对奥克塔维亚·希尔的祖父和对贫困者的救济、对儿童的教育等发表过议论，为埃比尼泽·霍华德的田园城市理论给出了许多提示。

欧文的前半生一帆风顺，后半生迎接他的却是接连的失败。他一定是一个积极思考的乐观的人吧。也有说法表示他的前半生实际上可能并没有那么顺利，认为他在《自传》中描述的前半生多有粉饰。此外，曾经默默无闻的欧文的前半生的信息基本来自《自传》，因此他积极乐观的口吻才会让人感觉他的前半生是从一个成功走向了另一个成功。

欧文在撰写传记的前半部分过程中去世，我们便无法从他后半生的传记中感受到他独特的乐观的人生态度。不过因为欧文在后半生已然出名，我们有许多途径可以了解当时的实情。而根据这些信息，他的后半生急转直下，失败接踵而至。

欧文所留下的几项成果，大部分是前半生作为工厂的经营者在不断试错中产出的。这些成果包括通过充实工厂的员工福利、修正工厂法、为工人提供教育机会、在世界范围内最早在工厂内开设幼儿园、人的性格由环境决定的主张、引入夏时制、合作社和工会的结构、地区货币的原型劳动券、成为田园城市模板的公共食堂和绿化带。这些想法必然是出于改善工厂的劳动环境、改善工人的劳动管理并提高生产率而产生的。

基于前半生的这些想法，欧文在后半生试图创造出一个理想的社区，设立提供劳动券和商品交换的劳动交换所，构建国际工会网络，然而无论哪一项都在几年之后遭遇了失败，不过这些举措并非徒劳。在欧文接连受挫期间，也陆续出现了对欧文的想法产生共鸣的欧文主义者。他们以不同的方式在实现他的想法，并且一部分也影响到了前文提到的罗斯金、莫里斯、希尔和霍华德。

学生时期

欧文出身于一个在威尔士纽敦经营马具和五金店的家庭。他在七个兄弟姐妹中排行第六，但因弟弟在出生后不久就夭折了，所以他实际上是家中最小的孩子。欧文4～7岁在家隔壁学校上学，其后一直到9岁都作为校长的助手在学校上学，欧文受过的学校教育就到此为止了。

10岁时欧文接受了在伦敦的长兄的邀请，离开了纽敦外出工作。他最早在一家叫麦古福（McGuffog）*的织物商那里工作。共三年合同，第一年没有报酬，第二年是8英镑，第三年是10英镑。这家商店向上层阶级的客户出售高级布料。对欧文来说，能够和光顾的客人交流并区分高级布料等，是非常宝贵的经验。

---

* 由于原作者未给出一些名词的英语原名称，以下部分参考 https://www.robertowenmuseum.co.uk/wp-content/uploads/2019/11/Robert-Owen-Timeline-with-literature-references.pdf 和网络检索给出的生平。——译者注

麦古福有许多藏书，欧文在每天停业后都会花上5个小时左右的时间阅读书籍，因而在这里学到了许多。这时候所有的宗教都主张自己才是正确的，据说他深感其中的矛盾，成了无神论者。

三年的工作结束后，他又被介绍去了一家面向下层阶级、名叫弗林特和帕尔默（Flint & Palmer）商会的零售商店。年收入提高到了25英镑。由于商店主张薄利多销，所以需要从早到晚忙个不停。现在看来，仅仅中学生年纪的欧文，当时就已经早早地体验到了从早到晚陈列商品、入库、会计、交付的长时间工作，学会了如何合理开展工作。

他在16岁时离开伦敦，来到工业城市曼彻斯特的萨特菲尔德（Satterfield）商店工作，年收入40英镑。他在这里体验到了以中产阶级为对象的工作，在这里度过了犹如高中时代的三年时光，学会了经营批发和零售业务。

如今说来，欧文在中学生和高中生的年龄段就已经稳定增加了年收入，具有了面向上层阶级、下层阶级、中产阶级三个阶级的销售经验，并掌握了经营所需的各种技术。

成为工厂的管理者

19岁那年，欧文和在萨特菲尔德商店工作时认识的伙伴一起出来创业了。在建立并运营了一个拥有40名工匠的大型工厂之后，欧文独立出来创办了一个雇用了三名工匠的小规模工厂。在这里的收益每周有6英镑，相比年收入40英镑来说是巨大的飞跃。

一年之后，欧文听说富有的制造业经营者德林克沃特在寻找工厂的管理者，就欣然应募并被招聘成为负责500名工匠的厂长，年收入300英镑。这个工厂成功生产出了比当时市面销售更细的纱线，欧文也因此在纺织业界名声大振。相当于在20岁时被任命为有着500名程序员的IT企业的总裁，并开发出了相当热门的应用软件。

22岁时，欧文开始出入曼彻斯特的一个知识分子圈子。他在这里不仅学习经营相关知识，也学习到了各种思想。在圈子中议论的话题包括哲学、道德、宗教、教育、贫困、犯罪、卫生、童工、科学和技术等。不管是从年龄还是内容来看，这对欧文而言都如同念了大学一般。

23岁时，由于和德林克沃特在经营上意见相左，欧文独立出来经营工厂。由于欧文的名声已经广为业界所知，他很轻松就征集到了投资人。在他作为新公司"乔尔顿编织公司"的经营者四处出差的途中，在格拉斯哥（Glasgow）认识了一位名叫安・卡罗琳・戴尔（Ann Caroline Dale）的女性。1797年在卡罗琳的介绍下，欧文去了她父亲大卫・戴尔（David Dale）经营的新拉纳克（New Lanark）工厂参观学习。

新拉纳克

在欧文前往新拉纳克工厂参观的12年前，也就是1785年，大卫・戴尔建设了使用水力的工厂（图1）。那里设有四栋纺

图1 大卫·戴尔（1739—1806）。和理查·阿克莱特一起规划了新拉纳克的工厂村，其后独自将工厂村付诸实践。在把新拉纳克村卖给欧文的同时，把女儿嫁给了欧文

织工厂、工人住宅，还有孩子们的学校。

这时候正在和戴尔的女儿安交往的欧文为了获得岳父对他们婚事的应允，就和投资人伙伴商量买下新拉纳克的工厂。戴尔被报价深深打动，就同欧文及其他投资人签下了出售工厂的合同。就这样，欧文成了新拉纳克的管理者，并且和戴尔的女儿顺利成婚。

据说欧文购买工厂后的第二年，也就是1800年1月1日，开始投入新拉纳克的经营中。他称自己的工作是对工厂的"统治"而不是"经营"。因为他考虑的不只是提升收益的经营，而是要着手统治以改善居民的整体生活（图2）。

新拉纳克位于山林中，住在工厂附近的不仅有在那里工作的人，还有他们的家人。由于救济院介绍来的孩子们也在工厂工作，所以就需要给他们安排教育的场域。此外，还需要能够购买日常用品的零售店、食堂和教会等。总之，欧文追求的是一个如同村庄一般能够全面改善人们的生活的地方。所以他将此看成了对村庄的统治，而不是对工厂的管理。

新拉纳克的居民共计1800人左右。刚投入统治中的欧文一定想立刻提升工人的工资吧。然而刚上任的欧文还未能提升利润，当然也就无从提升工资。为了在不提升工资的情况下提

图2　现在的新拉纳克。2001年被登记为世界遗产。工厂村的各处均被修缮，使得游客也能享受其中。现在仍有约200位居民生活在这里

升生活质量，欧文决定降低工人的生活成本，这样就可以增加工人可支配的收入。

首先是伙食费用。通过建设合作厨房和食堂而非各家自己下厨的方式，可以一起制作一定人数的伙食。这样食材和燃料等的费用就可以便宜一些。

其次是日常用品。通过一次性采购一定人数用量的生活用品，实现了日常用品接近进货价格，并放在零售店低价出售（图3、图4）。这些尝试和努力被此后的欧文主义者们作为合作社的机制运用开来。

图3 工厂村内部的商店。这个商店催生出了合作社方式的基础。现在也依然承担着出售日用品的商店的功能。深处的房间重现了当时商店的内部景象

图4 重现了当时的商店的房间。商品种类虽然有限，但可以清楚看到大量优质商品计量出售的形式

　　再次是必须提升工人在工厂的生产效率及利润。不过欧文并不想采用赏罚的方式提升生产效率，而是重视通过改变工人的周围条件和教育等方式改变他们的意识。他认为意识改变后，行动也会随之改变，最终就能提升生产效率。为此，他导入了一种机制，让工人提交每日报告，基于每日报告判断前一天的工作做得好还是不好，次日在工作台前使用颜色标示评估结果。通过这样的方式，他成功掌握了工人的工作内容，以及材料和商品的库存数量，同时也激励了工人。

　　此外，他还致力于工人教育，创造定期面向工人的成人教育的机会。为了鼓舞工人自发的劳动意愿，还改善了他们周边的环境条件，欧文为这种思考方式取名为"性格形成的原理"。

　　甚至欧文还开设了面向儿童的性格养成学院（图5、图6）。因为新拉纳克工厂位于深山，很难保障稳定的工人数量。最能确保的就是已经在工厂里工作的工人的孩子们了。他们之中很多人在达到合适的年龄后就和父母一起在工厂工作，所以为他

图 5　在性格养成学院里跳舞的孩子们，以及来参观的成年人们。性格养成学院的儿童按规定穿着制服。制服使用同样的材料制成同种款式。合作社的制度在这里也很普遍

图 6　现在的性格养成学院。教室里展示着巨大的地球仪和动物的图画等。窗边还摆放着岩石和植物等，可以看到当时经常使用实物观察、触摸的方式教学

们提供适当的教育机会对管理工人而言也至关重要。

　　不过投资人们反对设立这种产生开销的学院。欧文重新审视了和投资人的合伙合同，经过竞拍之后使学院的设立得以实现。这个学院可以说是世界上第一个幼儿学校[1]。

　　在学院中，教育孩子时不采用体罚的方式，而是摸索了从内在启发孩子学习欲望的方式。其中之一就是哲学家卢梭提出的"事物的教育"。这种方法倡导从实物而非文字中学习，主张走到庭院、田野和森林中学习，把从那里采到的物品摆放在教室里，结合动物图画和世界地图学习，而非通过书本上的文字间接了解世界。

　　这样的教育在学习社区设计时非常重要。在工作坊的现场，你可能会觉得就是在便笺纸和模造纸上书写文字并整理得出共同意见。然而参与者会有一些想法无法通过文字表达，有些人对于不能通过对话的场域把这些想法表达出来抱有不满情绪。不能只是用言语和文字等理性形式推进交流，也必

图7 开展工作坊的时候，不仅会准备临摹纸和便签，也会准备运用照片和插画等辅助工具。不仅通过语言交流，还配上图画和照片等视觉道具，更容易催生出新的想法来

图8 除了在房间里交流外，还要前往现场当场讨论所感所想

图9 和其他人分享交流内容时，不仅要用语言说明，还可以以短剧和动画等视觉形式传达

须要配合图画、照片等感性方式推进一致意见的形成（图7）。另外，在条件允许的时候，就要移步现场，一边实地感受眼前的实物一边交流（图8）。

参与者在发表想法的时候，也可以努力通过采用理性和感性相平衡的戏剧的形式等，从"仅有语言的议论"中跳出来（图9）。因此对于学习社区设计的学生，我也希望他们能够掌握除了语言以外的其他表现方式，能够和工作坊的参与者们开展各种形式的"对话"。

新拉纳克工厂在欧文的统治下成功实现了缩短劳动时间的同时提升利润，作为实现了幸福生活的理想的社区备受赞誉。鼎盛时期一年有多达2万人前来视察，在当时的英国，新拉纳克和欧文一定风头无俩。

给政府的提案

"自己改变自己很难。"这一观点现在也时有耳闻，欧文在42岁的时候出版的《新社会观》（*A New View of Society*）一书的第一章对此论述。这虽然是欧文通过改变工人的意识时学习到的，不过也适用于整个社会。

名为"性格形成的原理"的主张大致如下所述。由于人很难自己塑造或者改变自己的性格，所以拥有社会影响力的人都应该努力投身于改变他人的意识的活动中。这样一来，发生改变的人也一定会继续开展改变他人意识的活动。这样就能渐渐实现基于合作的和平幸福的社会了。因此不管对于儿童还是成年人来说，教育都是必要的。欧文的想法就是如此。他不愧是一个乐观主义者，并且坚信社会能以这样渐进的方式改变。

不管实际上根据这个原理是否实现了一个新的社会，这个社会形象在其后罗斯金的《给未来者言》（*Unto This Last*）中也出现了。罗斯金把能够持续对他人产生好的影响的人的人生定义为"富足的人生"，并认为有许多人可以度过富足的人生的国家才是富足的国家。这与欧文理想中的社区的存在形式非常接近。

在新拉纳克经营工厂成功并出版了书籍、提出了新的社会存在方式的欧文接连被政府要员邀请给出提案。1815年，时年44岁的欧文受到国会议员的邀请，希望给出针对一直以来工厂里的儿童从事过于严酷的劳动的问题的解决方案。欧文提议应该彻底修正当时的"工厂法",然而最终淡化了他提议的法案通过了决议,成了1819年的《工厂法》。

欧文46岁时受到当时政府的"劳动贫民救济委员会"委员长坎特伯雷大主教的邀请,希望他给出一个贫民救济方案。于是欧文提出了一个能够让贫民幸福生活的理想的社区。这是一个能够收容1 200名贫民的社区,中央设有公共厨房和食堂,并设有学校和图书馆,周围是家庭住宅和孩子们的宿舍;并有供来客使用的屋舍,以及诊疗所、公园和庭院等。外侧配有工厂、屠宰场、马舍、洗衣房、酿酒厂和面粉加工厂等工作场所。最外侧耕地和牧场等农业用地向外延伸。

在这个社区中,生产和消费在原则上都是以居民共同进行为前提的。生产基本以农业为主体,农闲时期在工厂里生产衣服等自己生活需要的产品。为防止人们追逐流行导致的个人主义盛行弱化合作能力,住宅和衣服基本上是同一款式。工厂中禁止分工,各自都要通过合作生产同样的产品以促进业务协作。开发商先承担预算以建设这个社区,居民们通过合力工作,最终就能实现支付地租和房租、还清借贷。这样社区就为居民所有,这时居民应该都在学校和图书馆里接受过充分的教育,从而应当能够实现居民的自治。这样由贫民作为居民持续自治的社区就诞生了。这就是欧文的提案。然而这个提案明显超过了坎特伯雷大主教所寻求的方案的规模,最终只能被雪藏了。

欧文50岁时受拉纳克郡邀请希望给出一个理想社区的方案,他将上述针对贫民的社区形式更新为针对普通市民再做提案,却依然未被采纳。

通过这样的经历，欧文认为向政府提出方案实现理想社会不可行，唯一的方法就是通过自己的力量先实现一个社区给世人看。

新和谐村

1824年欧文53岁时，一位名叫理查德·弗劳尔（Richard Flower）的房地产经纪人造访了新拉纳克。他问欧文要不要买下美国一个叫和谐村的小镇实现理想中的社会。欧文听完后，和自己的儿子们商量一番，决定马上远渡重洋到美国买下和谐村的土地。

次年，欧文宣布将这片土地命名为"新和谐村"并开发出去，作为实现理想的社区的庞大的试验场地[2]（图10）。并且留下儿子们作为社区的"统治者"，而欧文自己在美国和英国等地发表巡回演讲，试图招募项目支持者和居民。

由于先前居住申请者蜂拥而至，他们无力审查，所以当欧文回到新和谐村的时候，社区已经陷入了崩溃的状态。住房短缺问题长期存在，在工厂工作的人手虽然增加了，但是担任教职工作的工匠人数又不足，在农场劳作的人也基本上是新手，生产效率提不上去。本应该承担教育居民的职责的知识分子却发起了派系门阀斗争，用于经营社区的资金也耗尽了。新和谐村的实验就这样以失败告终，欧文也于1827年离开了美国。

欧文的理想社会诞生自工厂的劳务管理。从想法上来说，既然工人和他们孩子们的性格形成会随着环境给予的条件而变

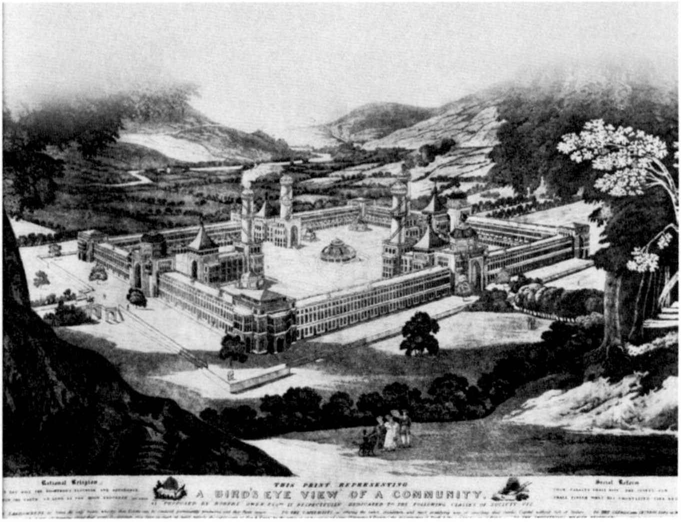

图 10　新和谐村的规划图。四边形的建筑围起来的地方里面是庭院，中央是温室。两侧是图书馆、阅览室、讲堂、研究所、礼堂、博物馆和观测所等，学校、医院、体育馆、舞蹈室和音乐室等配备完善。此外，四边形建筑物的外侧备有农田和工作场所等

化，就可以通过建立合作社、工会和教育机制，从而创造出一个良好的环境，并能够提升生产效率。将这种想法运用到社会上的就是"新社会观"，即在新和谐村的实验了。

　　然而统治一个工厂和统治一个社区是不一样的。在纺织工厂中，以生产纱线这一目的为原则进行统治就可行了；然而对于以自给自足为基础的社区来说，需要生产构成生活的多种道具和料理等的工匠，具有各种农业的工作者也颇为重要。然而就欧文所设想的社区的人口规模，很难保证有多种工匠和足够的农业工作者。

当然这些问题也许可以通过花时间培养社区来克服。但是新和谐村的开发一举冲过了头，这种推进方式偏离了欧文的想法。他在更新工厂的经营方式时，也没有突然提高工人的工资，而是首先降低了工人生活成本，从而增加了可支配收入，然后创造了教育机会，提升了工人的意识和能力，在利润上升的同时提高了工资。以这样渐进式的推进方式为特征的欧文为何在新和谐村的项目上会交由儿子统治而自己踏上游说的路途呢？这恐怕是因为没有预料到开发的速度吧。对于社区来说，"从小处起步，培养壮大"果然还是基本原则。

新和谐村的实验虽然以失败告终，但是欧文一贯坚持的理想社区建设在改变其形式的同时流传到了后世。比如罗斯金继承了他禁止分工、通过合作推动项目这点，公共厨房和食堂，以及外围的工厂、农田和森林等构成的绿化带的布局也给霍华德的田园城市带去了影响。可以说，住宅和土地等的公有化，居民通过支付地租和房租等在社区里生活，最终实现居民对社区的自治的理想这种思考方式也和霍华德的田园城市理论是一脉相承的。

合作社运动

在欧文远渡美国前，赞成他所主张的理想社会的形式的欧文主义者们相继投入具体行动中，失意于新和谐村的失败而回到英国的欧文对此颇为惊讶。欧文在新拉纳克采取的由消费者们组建的人们通过合作低价购入生活必需品的合作社的方式被越来越多的欧文主义者用于普遍社会中。欧文自己虽然认为合作社只不过是统治理想社区的一种手段，但是其后欧文主义者们将其发扬光大，开始思考如何将这种方式用于充实当下城市里的生活。消费者们具有合作起来从生产者那里低价购买到商品的能力，以及工人们合作起来与资本家斗争赢得更好的劳动条件等，欧文所主张的"合作"形式在社会各个角落推广起来。

欧文主义者们认为这些合作起来的人们可以不被生产者和资本家所支配，能够获得独立的地位，他们认为这样就能实现对人的救济。这和欧文当初设想的顺序是相反的。在欧文的设想中，通过教育可以增加独立的个人，独立的个人合作起来可以获得独立的地位。然而由于依照欧文的顺序推动的实验以失败告终，追随其后的欧文主义者们选择的前进方向可能还有着新的潜力。从美国回到英国的欧文可能也是这样认为的，慢慢配合到了合作社运动中。

合作社运动很重视"基于博爱原理的教育"和"基于平等合作的劳动"。此外，参加合作社的人们都追求以公平的方式提升个人幸福度，所以原则上采取自治的方式，而不是由谁来管理。并且女性和男性同样拥有参加合作社的资格。

合作社的成员们在各自的地区经常性开展小规模的集市，在那里以欧文所提议的劳动券的形式买卖物品。劳动券反映了人们的劳动时间，与普遍流通的货币具有不同的价值，可以说是现在的地区货币的先驱了。这样的尝试当时在英国全国 500 多个合作社里开展。

合作社运动的理念是"人人为我，我为人人"。作为橄榄球运动的发祥地，橄榄球也确实是能体现欧文的合作概念的象征性运动。争球的前卫、灵活敏捷的传锋、杀开一条路左右迂回的后卫，一共15人各自担任不同的角色，需要队友互相配合。如果大家不能齐头并进，就无法得分。无论是拼出满头大汗还是一身泥巴，大家都是一个整体。如果在这里认同个人主义，那么作为队伍整体就无法赢得比赛。一位富裕的资本家占据市场主导地位就如同单单一名明星选手的出色表现也无法赢得比赛一样。这就是橄榄球运动的含义所在。在这种意义上也可以称之为社会主义形式的运动。

顺便一提，欧文自己是没有用过"社会主义"这个说法的。只不过以独立个体之间的联系和合作为基础实现社会的思考方式在后来被称为"社会主义"。studio-L和欧文一样从不认为自己是社会主义者，不过在社区设计的现场，"人人为我，我为人人"这种社会主义的、橄榄球式的口号往往非常重要。所以我决定对以后想要参加studio-L的人，也要问一声"你玩过橄榄球吗"。

另外，欧文重视的"合作"一词英语写作"CO-OPERATION"，简写即"CO-OP"，也就是现在的生活合作社。生活合作社可以说正是诞生自欧文的想法的组织。生活合作社的基础诞生自这个时代，半数设立者曾是欧文主义者。罗奇代尔公平先锋社正是生活合作社的起源（图11）。该合作社提出了五项活动目标，即：①建设合作社商店，一边可以廉价购买优质的日常用品和服装等；②为合作社的成员建造住宅以改善生活环境；③打造食品制造业，以确保合作社成员中出现失业者时也能免受饥饿；④为确保合作社成员的利益和安全等，购买租借耕种

图 11　罗奇代尔公平先锋社的设立者们。坐在中间的是第一任社长查尔斯·霍华斯。站在他后面的两位分别是塞缪尔·阿什沃思（左，Samuel Ashworth）和威廉·库伯（右，William Cooper）。这三人可以说是核心人物。设立者中半数是欧文主义者

用的土地；⑤筹备面向合作社成员的各机关（生产、分配、教育、自治），以通过这五点建设合作社成员和其他合作社等利益共同体可以自给自足的新村为目标。

　　此外，这个合作社作为原则宣传的"罗奇代尔原则"如今也是生活合作社的基本思考方式。也就是：①信息公开，并且任何人都可以成为会员的"公开的原则"；②一人一票制的"民主运营原则"；③出现剩余钱款时按使用金额比例返还的"比例额度返还原则"；④出资不包含不正当利息的"利息限制原则"；⑤"政治、宗教中立原则"；⑥"现金交易原则"；⑦"促进教育活动的原则"。可见欧文的想法还是得到了继承的。

活动的乐趣

合作社运动是一种旨在推动实现基于合作的幸福社会的活动，并不是要大家蹙眉猛干，而是要创造出让人能够享受学习的机会，如在地方上开设图书馆、开展演讲会、开办舞会等。其中被称为"社交节"（Social Festival）的合作社活动就很独特，这是一种组合了舞会的娱乐性、演讲会的教育性，并且具有集市那样实际利益产出的定期活动。

在推动"正确"的事情发展的同时，"乐趣"也很重要。合作的社会才是正确的社会，想必大部分人也是认同的。然而，如果需要大家忍受很多才能实现的话，那么赞同的人数就会骤减；如果自己的工作量还会因此变多的话，那么赞同者数量会进一步下滑。能够为了实现正确的社会，即便需要忍耐做更多的工作也会砥砺前行的人并没有那么多。在这些人中也许还有一些人是因为可能会赚到钱而在继续努力的。但是合作的社会并不是一个人人可以赚钱的社会。这样一来，若非真心只为了实现正确的社会的信念而努力的人，就不可能坚持下去了。那么同志也就不可能增加，于是这时乐趣就显得重要了。欧文主义者在坚持正确的同时也重视乐趣，指不定也是因为经历过这些活动走入僵局的缘故。

在社区设计前线也概莫如是。重点在于正确而又有趣。乐趣中包含美好、美味、可爱和帅气等。所以，工作坊的会场一定要打造得时尚、食物要美味、参加者和引导者也务必时尚（图12）。

studio-L 会定期开展工作人员之间的时尚交流会（图 13）。如果有人偷懒，那么就会有其他同事一起去买适合他 / 她的服饰。在工作坊现场，参与者会以我们想象不到的程度观察我们的服装和举止。虽然不需要穿着高价的服装，不过最低限度还是要令形象保证足够时尚。

关于这一点，欧文对于理想的社区有其他看法。欧文对于着装不拘小节。他认为大家都穿着一样的制服生活就好了。欧文赞成自给自足的社区，所以每个人追求不同的服饰就会有产能跟不上的问题。所有人都穿一样的服装，花在衣服上的钱就自然不用很多了。这样也就不会产生流行的概念，也不需要每

图 12　我们在思考，工作坊要放在哪里举办才能让参与者的兴致高涨。放在室内举办的话，室内装饰要做成什么样？放在室外举办，应该要有什么样的风景围绕？环境使人改变想法的情况也不算少见

图 13　工作室的工作人员应该穿什么样的服装出席？公司内也会开工作坊讨论这样的话题。虽然没有必要穿很华丽醒目的衣服，但是也不能显得不干净令人生厌。我们使用从杂志上裁剪下来的照片来具体讨论男性眼中的女性和女性眼中的男性的时尚

年买衣服更换了。

欧文想必是充分理解了时尚具有的魅力以及权威的危险性的。"我想要那个人身上的衣服"或者"什么时候我也能戴那样的珠宝"这样的人类欲望往往和人们的浪费相关，可能使人变得想要出挑，诱发个人主义的行为，从而变得抵触合作行为。最终在欧文所提出的社区方案中是鼓励居民统一着装的。

然而时尚的乐趣是非常重要的要素。大家统一着装虽然确实可以降低生活的固定成本，然而时尚带来的乐趣是无法用其他娱乐来代替的。此外，从社区外部来看，也有被视为一种奇怪的团体的危险性，也就是强调了社区的排他性。

在社区设计中也需要重新定义"乐趣"。不能止步于徒有其表的美感或者服装的时尚感的乐趣，更重要的是要具有从活动中发掘出本质乐趣的能力。并不是要去取悦谁，而是自己要具有发掘乐趣的能力。比如说走在路上的时候四处找找看起来像是人脸的房子，找到之后全都用相机拍下来，这样就能度过一段美好的时光了。各个团队通力合作，把众多"人脸"房屋收集到一起互相展示，可能又有新的收获，这也是一段愉快的时光。

远处望见的人也许会说"这种事情又有什么有趣的呢"，但这只要当事人乐在其中就好了。能掌握这种"发掘乐趣的能力"的人想必一生都很快乐。因为在无趣的时候他们都能够自己发掘出具有乐趣的事物来。这种过程也不需要多少财力支持。我们想要在工作坊和实地工作中向参与者传达的就是这种"发掘乐趣的技术"。领悟到这一点的人会多次参与到工作坊中，可以说这些人就是兼得正确和乐趣两全其美的人们了。

劳动公平交换市场

　　欧文主义者们在推动了合作社的活动发展之后，开始思考如何把全国的合作社联系到一起。首要的便是让合作社使用的劳动券可以在全国流通（图14）。1832年，欧文主义者们提议设立"劳动公平交换市场"，使劳动券可以实现全国流通。交换市场承接合作社成员带来的商品，与制作者交流，然后发行与劳动时间相符合的劳动券。这并不是基于一边享受一边赚钱的想法，而是塑造了按照工作量得到劳动券的状态。

　　拿到手的劳动券可以用来购买其他人花了同样时间制造的商品，或者享受同样时长的服务。这种机制下交换的并不是商品的稀有价值，而是制造花费的时间，然而这个机制却渐渐无法顺利运转了。交换市场的评估中不确定的事情越来越多，是否能够公正交换时间也变得令人生疑。第一年和第二年时劳动时间的交换收支尚且可以吻合，第三年就开始对不上了，到1834年时交换市场便终止了活动。

　　这种机制现在也在地方经济中被援引使用。与全球规模的

图14　欧文等人使用的劳动券。每个人所从事的专业工作都以时间为单位交易。具体来说，就是把自己擅长的工作以1小时为单位拿来交换。图为"5小时劳动券"

货币经济不同，为了实现地方经济，对地方货币的使用案例逐渐增多。在英国，本地交换交易系统*继承了欧文的劳动券的想法。很显然，地区货币就是特地避免在全国范围使用，只在特定的区域在满足一定的条件时运用才更有效。可以说，欧文失败了的劳动公平交换市场在这里获得了重生。

全国工会大联合

劳动公平交换所并不能单纯说是失败了。毕竟全国的合作社互相认识，并且有了分享价值观的机会。1834年交换市场停业后，全国的合作社和工会建成了联合组织。在欧文主义者们的主导下，各地的组织团结在了一起。

全国共有80万人加入了组织，其后几个月间加入者就达到了百万之众。因为在各地游说合作的重要性，实行了罢工等举措，使得组织受到了压制。虽然全国工会大联合在一年内就解散了，但是参与的欧文主义者们立刻创建了各国各阶级协会**。该协会推动了诸多启蒙运动，如建造劳动会馆和举办婚丧仪式等。

由于欧文自己期望的是渐进式的改革，所以和这些运动保持了一定的距离。他一直在坚持倡导和平实现理想社会。坚持以建设理想社区为目标的欧文即便到了晚年经历了各种曲折，也还是加入了以各国各阶级协会为中心的昆伍德社区（Queenwood Community）。但是偏好大规模开发的欧文因为

---

* 即 Local Exchange Trading Systems，LETS。——译者注

** Association of All Classes of All Nations。——译者注

拘泥于偏向硬件的开发形式招致了最终的失败。欧文于68岁左右致力昆伍德社区的开发，他74岁时居民基本离开了，就此告一段落。

欧文在1858年以87岁高龄离世。去世前住在故乡纽顿（Newtown）他出生时住宅附近的熊头旅馆（Bear's Head Hotel），在亲人和孩子们的陪伴下走完最后一程。当时已然高龄的欧文虽然几乎被世间遗忘，但对他而言可谓是最好的最后时光。欧文的墓碑上刻有英国合作社奉献的浮雕碑文"合作社运动之父"字样。

欧文之后

欧文所信奉的是在合作下构建的理想社会。欧文主义者们为了实现这种社会活跃在世间，后来被称为"社会主义者"。这个渊源后来也派生出多种派系，比如费边社会主义（Fabian Socialism）、行为社会主义（Guild Socialism）以及莫里斯参加的社会民主主义等。因此欧文才被称为"英国社会主义之父"。

提倡科学社会主义的马克思和恩格斯依旧尊重欧文，但是将欧文的社会主义看作是空想社会主义。原因是欧文乐观地坚信人们应该会通过合作让社会变得更好。按照马克思的说法，市民中实际上不只有那些聪明的愿意合作的人，欧文就是不明白这一点，所以他的社会主义就只能是空想。他们正因为是空想，所以欧文所努力推动的社区建设都以失败告终。

用现在的语言来说，科学社会主义是一种"前瞻性"的思考方式，是科学地分析历史，确定今后的方针的态度，而空想社会主义是一种"回顾性"的思考方式，先试着想象一种理想状态，再把实现这种状态需要的事物逐个付诸实践。欧文认为人人合作和平地在一个地方实现幸福就是理想的状态，为此就需要事先准备教育和环境等条件。虽然所有的实践看起来都以失败告终，但从长远来看，说这些实践还尚在进行中更为贴切。欧文主义后来者们其后实现了合作社，实行了地区货币，实现了田园城市，并且这种思想对现在的社区设计实践也有着深远的影响。

　　凭借社区设计来改变地区也许会被人揶揄成是一种空想。可能会有人评价参加工作坊的人也不过只是当地居民中的一部分，也许还会有人批评人和人之间的联系并不能促使地区经济复苏。项目失败的话可能会有人摆出得意洋洋的面孔冷嘲热讽。即便如此，我们也应当从欧文的人生中学到乐观的心态，将社区设计的努力进行到底。

注：

[1] 虽然欧文的性格养成学院是世界上第一所面向幼儿的学校，但是数年之后德国的教育学者弗里德里希·福禄贝尔（Friedrich Wilhelm August Fröbel）设立的幼儿教育设施才被称为世界上第一所幼儿园。这是因为福禄贝尔创造了"幼儿园（Kindergarten）"一词。

[2] 新和谐村的规划图由建筑家托马斯·斯泰德文·维特维尔（Thomas Stedman Whitwell）设计。维特维尔之后在欧文规划昆伍德社区时也提议了大规模的建筑物方案。然而无论哪一项规划，都因为预算过高而挫败了。

[3] 高中时参加过橄榄球社的笔者认为"踢橄榄球的人里面没有坏人"。

从新拉纳克到罗奇代尔

罗伯特·欧文

204

与以卓越管理而备受赞誉的纺纱工厂村庄新拉纳克、构筑了全世界供销合作社基础的罗奇代尔公平先锋社二者相关的就是罗伯特·欧文的合作社会论。但是这两项事业都不是由欧文一个人单独构筑的。新拉纳克的工厂村庄大部分是由前任大卫·戴尔建成的。罗奇代尔公平先锋社则是受到欧文思想影响的欧文主义者们创立的。而另一方面，欧文自己单独创造的事业都落了个遗憾的失败下场。

毕竟欧文可能只是一位思想家。当然，通过新拉纳克的统治，他也向世人展示了自己有顺利开展事业的能力。不过可以认为这可能也是因为有戴尔打下的基础的缘故。据说在这之前他也和许多实业家们合作，取得了许多事业上的成功，但这些事业中没有一项是欧文单独完成的。

欧文的合作社会论非常远大，让它变成一项事业需要大量的资金支持。欧文自己也是喜欢推动巨大事业发展的类型，所以就筹集了大量资金启动了事业。然后往往因为过于追求理想而渐渐疲敝，最终导致失败。

这就是马克思主义者们，特别是恩格斯评价他是"空想社会主义者"的缘故了。

即便这是强调"自己才是科学的社会主义者"的恩格斯等人给欧文加上的社会烙印，纵观欧文的生平，也不能说这样的评价不恰如其分。

所以这里并不是要提倡学习欧文试图独自实现的空想的事业，而是要从欧文继承自戴尔的工厂

村庄并充实成为新拉纳克，以及
欧文的后继者们努力构建的罗奇
代尔公平先锋社等事例中学习。
因为其间或许就可以找到"根据
现实进行修正的合作社会理论"。

● 戴尔的新拉纳克

　　如前所述，建造了新拉纳克
的工厂村庄的是戴尔。工厂村庄
位于克莱德湾河畔（图1）。这条
河的上游和下游河道都很宽阔，
流速平缓。然而只有在新拉纳克
工厂附近，河面宽度收窄，流速
湍急。瀑布遍布，营造出一片动
态景观（图2）。这样的风景惹人
喜爱，据说画家透纳也曾造访此
处附近。

　　1783年来到这个瀑布附近的
戴尔和理查·阿克莱特（Richard
Arkwright）认为这里的水流可以
作为工厂水力运用（图3）。戴尔
在24岁时就创业成了纺织业商人，
凭借自己的经营手段成了皇家银
行格拉斯哥（Glasgow）分店的负
责人。

　　阿克莱特也是创业家，1769
年发明了水力纺织并取得了专利。
虽然其后这个专利被判定无效，

图1　现在的新拉纳克。建造在克莱德
湾河畔（River Clyde）的石质建筑群

图2　克莱德湾的瀑布。水量充足，
流速湍急。新拉纳克的工厂使用这里
的水力驱动

图3　新拉纳克的自动纺织机器。这
台机器大幅提升了纺织的速度

但他那时已经成为一名资本家了。

两人于次年规划了新拉纳克的工厂村庄，于1785年开始动工。其间因为两人意见不一致，戴尔解除了与阿克莱特共同经营的计划。同年，戴尔在新拉纳克的第一工厂竣工并投入运营。

当时纺织行业一般是女性员工并排操作的，不过这个工厂因为配备了使用水力的自动纺织机器，女性劳动者的数量非常少。

第二工厂于1787年竣工，并投入运营。虽然自动纺织机器能够高效生产商品，但是因为使用了易燃的原料，又使用了各处易起摩擦的机器，所以火灾的风险就变高了。尽管非常小心，第一工厂还是在1788年因失火而焚毁了。此后，戴尔重建了烧毁的第一工厂，并建造了第三工厂和第四工厂。

● 童工

当时在新拉纳克工作的基本上是儿童。1793年，工作人员有1 157人，其中成年人有362人，剩下的人都是儿童。其中甚至还有四五十人未满10岁。戴尔前往

周边地区的孤儿院，让他们介绍孩子到他的工厂里工作。

在当时的英国，工厂使用童工非常普遍。这是因为工厂使用机器制造商品，所以不需要那么多的熟练工人，反而是雇用了许多较低薪酬就能打发的童工，然后让他们来协助机器制造。戴尔的工厂里也雇用了很多童工，因为他的工厂相比其他工厂卫生状况更好，所以还得到了市政府卫生局的高度评价。

新拉纳克工厂的童工工作时间是早上六点到晚上七点，一天工作13个小时。戴尔认为对于儿童来说不仅要工作，学习也非常重要，所以就设立了供幼儿和儿童学习的学校。童工们结束了在工厂的工作之后，每天还要到学校学习2个小时。

● 戴尔退休

因为卫生状况好并且重视教育，所以工厂村庄的经营受到了好评，从1875年*开始的五年间有3 000名访客到访视察。其中就有经戴尔的女儿介绍于1798年

---

* 可能为原作者笔误，根据上文可能指的是1785年。——译者注

造访的欧文。

这时候戴尔因为准备退休，就在出售自己拥有的几处工厂。1800年把新拉纳克工厂出售给欧文等人，1801年出售了卡特琳（Catrine）工厂，1804年出售了斯平宁代尔*工厂，1805年出售了达尔马诺克（Dalmarnock）工厂。

次年，戴尔在家人的陪伴下去世。

● 欧文的新拉纳克

在与戴尔的女儿结婚并购得新拉纳克的工厂村庄之后，欧文于1800年开始了他对工厂村庄的统治（图4）。欧文比戴尔年轻32岁，开始统治工厂村庄时年仅29岁。村民对于这个年轻的统治者

图4 位于工厂村庄中央的欧文的住宅，在它的旁边可以看到戴尔的住宅

欧文自然怀有担忧。这时欧文就向村民们表达了自己的想法，即"我会改善劳动条件和劳动环境等，提高生产力，公平分配利润"[1]。并且逐步实现：①禁止体罚；②禁止突然解雇；③缩短劳动时间；④提供优质住宅；⑤确立公共卫生检查制度；⑥由公司管理的商店提供物美价廉的餐饮；⑦通过性格养成学院提供德育；⑧设立公司和劳动者分别承担的保险制度；⑨设立劳动者们共同出资建设的储蓄银行等。

新拉纳克工厂的工资相比其他的工厂并没有更高。不过因为住宅租金便宜，商店的商品价格低廉，居民的预期可支配收入就变多了。此外，路灯安装到位，还有供大众使用的大厅，居民的生活可以说非常充实了。凯斯内斯街（Caithness Row）的住宅楼建在一个日照充足的地方，现在依然在使用中。

● 新拉纳克的商店

开业于1813年的商店，进货工作由欧文亲自完成，并以接近

---

* Spinningdale，原文读音接近Springdale，疑为原作者笔误。——译者注

批发的价格向居民出售。这样不但可以大量买入高质量的商品降低进货价格，还可以防止将威士忌等非必要的商品带入村庄。此外，这家商店产生的利润也会定期返还给居民（图5、图6）。在这里就可以看到合作社的起源了。

这个商店现在还在，不仅向游客出售特产，也向住在新拉纳克的人出售日常用品（图7）。里屋的房间是原来的商店的复原空间，展示了商店按量出售时的形象。这里还有一块展板，刊载了这种合作社形式在全世界流行的状况（图8），并且介绍了后来罗奇代尔公平先锋社的形成过程。

| 图 5 | 图 6 |
| 图 7 | 图 8 |

图 5　名为凯斯内斯街的工厂内的住宅。南侧有个庭院，环境优美

图 6　1900 年左右的商店和工作人员。现在在同一个位置还有一家商店

图 7　现在的商店，出售日用杂货和特产等

图 8　商店内的展板，内容是全世界的生活合作社。可以看到欧文的思想促成了生活合作社的诞生

● 新拉纳克的教育

1816 年，欧文开办了性格养成学院。学院由"学校"和"研究所"组成。入学年龄是一岁半，年满 10 岁后就进入工厂工作。当时的常识认为，让儿童上学就会失去廉价劳动力，然而欧文认为让儿童上学之后就能使得母亲们腾出手来参加工厂劳动也未尝不可（图 9）。

学校的教育禁止体罚等行为，并且规定了不能强加于人的宗教，不能强制儿童阅读他们不愿意读的书籍。特别是关于书籍，因为书本本来就是将事物用文字抽象化描述的，基于"儿童本来就不擅长阅读书籍"的想法，施行全面的实物教育。即走出学院的建筑物到外面去，在自然中散步，在户外享受歌舞，将石头、花朵和动物等带到教室里来，通过观察实物学习各种知识。在这样的学习过程中，儿童对观察不能理解的知识就会产生求知欲，这时候就有通过阅读书籍来学习的冲动了。

现在性格养成学院的"学校"是开放参观学习的，如今也能感受到当时重视实物教育的氛围。教室里除了有硕大的地球仪和绘画之外，还陈列有石头、花朵和鳄鱼等动物（图 10），能让人联想到儿童是怎样通过观察实物来学习众多知识的。此外，儿童们穿着的制服也被复原了，谁都可以试穿（图 11）。

另外，据说"研究所"还开设夜班，让 10 到 20 岁的孩子能够在工厂工作后的时间里学习。

图 9　现在的性格养成学院。内部展示空间复原了过去的状态

图 10　性格养成学院使用实物教育的展示。鳄鱼的实物也被带入教室供学生学习用

图11　学院的制服。据说该制服是欧文亲自设计的

● 欧文之后的新拉纳克

在新拉纳克的统治取得成功之后，欧文远渡美国设立了名为新和谐村的共同体。实际上就是新拉纳克的扩大版，但是这项事业以失败告终。在失去财产无法再投入新拉纳克的经营之中的欧文于1825年出售了新拉纳克。

其后新拉纳克就再也没有成为众人目光的焦点。工厂村庄的拥有者几度更替，却没有一人有欧文那样的影响力，也没有商界的人脉。

于是到1968年，作为纺织工厂的新拉纳克就关张了。1970年，一家从废铁中提取铝的公司购买了新拉纳克的土地和建筑，于是工厂场地上出现了大量的废铁。由于机械化的废铁工厂不需要大

量的劳动者，1818年有2 500人的村庄人口减少到了区区80人。

之后随着新拉纳克的历史价值再次得到认可，对新拉纳克进行再开发，作为历史遗产留存的活动就开始了。

1983年，政府下达了强制保留的命令，由新拉纳克保护基金会负责工厂村庄的保护工作。

1993年，最古老、最危险的第一工厂的外墙得到了修复，现在建筑内部改建为旅馆和餐厅。其他建筑也得到了修缮，具备了观光引导设施和教育设施等的作用。性格养成学院和商店也改造一新，在2001年被登记为世界遗产。

● 合作社运动

新拉纳克的礼堂里挂着罗奇代尔公平先锋社设立150周年的横幅（图12）。正如横幅上所书，罗奇代尔公平先锋社设立于1844年。设立时的30名成员中有15人是欧文主义者，这就决定了这个组织的性质。也就是引用了欧文所主张的合作社形式，为遍布全世界的合作社奠定了基础。

罗奇代尔公平先锋社并不是

图 12　新拉纳克的罗奇代尔公平先锋社 150 周年纪念横幅

合作社的创始人。在他们之前还有诸多投身于合作社的人们。其中许多人无疾而终。比如 1830 年同样在罗奇代尔地区成立了互助协会。互助协会建造了工厂生产商品，并建造了出售商品的商店。然而 1835 年商店关门大吉，原因是采用了保证金交易的方式。那个时期的合作社遵从当时的惯例基本上使用了保证金交易的形式，于是往往会资金周转不力，导致事业开展不下去。

● 罗奇代尔公平先锋社

　　罗奇代尔互助协会虽然失败了，但是查尔斯·霍华斯（Charles Howarth）等人从中吸取了许多教训，此后在 1844 年他们组建的就是罗奇代尔公平先锋社。霍华斯担任第一任合作社领袖，开设了一个小规模商店（图 13、图 14）。当然，商店要求现金交易。由于这和当时的习惯大相径庭，所以最初没有得到当地人们的赞同。

　　罗奇代尔公平先锋社虽然是欧文主义者们设立的组织，但并没有拘泥于欧文的思考方式，毕

图 13　现在的罗奇代尔公平先锋社的据点设施

图 14　内部装修复原了当时商店的形象。当时所有的商品都是按量出售的

竟他们也知道欧文有过几次失败。他们虽然赞同欧文的合作社会理论，采取的却是和欧文相反的推动方式。欧文认为首先人们要合作起来构建出一个合作的社会来，实现富足的环境和充实的教育，然后人们才能幸福地生活下去，就如同在新拉纳克那时一样。

但就是"首先要构建一个合作的社会"这一点非常难以实现。事实上，欧文在《给纳拉克郡的报告》中就向郡守提议建造合作社会，但是被无视了。他在美国的新和谐村也遭遇了失败；当时他在还属于墨西哥领土的得克萨斯州规划的合作村庄遭受了挫败，昆伍德社区的大规模开发进展也不顺利。

目睹这些事实的罗奇代尔的欧文主义者们，认为可以先从建造小商店销售优质商品做起，再逐步建设制造商品的工厂，增加在工厂里工作的合作社成员，再建造供成员居住的住宅，开发供成员耕种的农田，总有一天可以实现囊括制造、流通、教育等的合作社会的。也就是"从小处起步，培养壮大"的战略方针。这虽然与欧文所喜欢的"从大处落手一举改变"的战略方针是完全不同的推动方式，但是目标社会形象是一样的（图15）。

采取了"从小处起步，培养壮大"的战略方针的罗奇代尔公平先锋社的第一个商店所提供的商品十分有限。商店刚开的时候的商品就只有砂糖、黄油、小麦粉、面粉、燕麦片和蜡烛，都

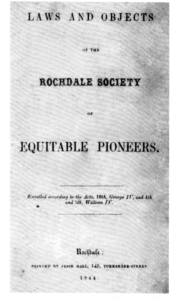

LAWS AND OBJECTS

OF THE

ROCHDALE SOCIETY

OF

EQUITABLE PIONEERS.

Enrolled according to the Acts, 10th, George IV, and 4th and 5th, William IV.

Rochdale:

PRINTED BY JESSE HALL, 149, YORKSHIRE-STREET.

1844.

图15　1844年发行的罗奇代尔公平先锋社的规则书。其中记载着"从小处起步，培养壮大"的战略方针

是按量出售的。其后业务迅速发展，商品种类繁多，包括红茶、烟草等。

● 罗奇代尔的教育

在开设商店四年后的1848年，罗奇代尔的一个文学圈子"人民社会"（The People's Society）解散了。此时罗奇代尔公平先锋社买下了他们的1100册藏书。该合作社和欧文一样非常重视教育，所以立刻扩建了商店，建造了供合作社成员阅览藏书的阅览室，还定期开办演讲和讨论会等，确保了合作社成员有接受教育的机会。

他们于1850年设立了学校，1855年开始涉足成人教育。此外，大学教授也会应邀前来举办公开课，引发了后来的大学开放运动。1867年合作社的新的教育中心落成了，除了有图书室和阅览室之外，还有各式各样的教育设施。罗奇代尔公平先锋社以"不仅填饱肚子，也填饱求知欲"为目标，欧文的影响力可见一斑（图16）。

罗奇代尔公平先锋社欢迎所有同样想要设立合作社的人们前

图16 1870年前后的罗奇代尔公平先锋社举办的系列讲座。此时周二和周五都会办讲座

来咨询，并把咨询中整理出来的合作社的要点归纳成"罗奇代尔原则"对外公开。其中包括资本需要自己筹措、利润要公平分配、经营优质商品、现金交易、男女权利平等、一部分利润用于教育、定期商业报告等。通过展示这些原则，罗奇代尔公平先锋社的想法传播到了整个英国。事实上，英国合作社联盟成立的时候，罗奇代尔的成员占据了多个要职。"罗奇代尔原则"也被国际合作社联盟所继承，影响了世界各地的生活合作社。

● 对日本的影响

社会企业家贺川丰彦为生活合作社奠定了基础（图17）。

1919年，贺川丰彦以罗奇代尔原则为范本，在大阪设立了"购买组合共益社"。此后为了让川崎造船所劳动者们的生活能更轻松，尝试设立采购合作社。青柿善一郎在贺川丰彦的建议以及企业家福井捨一的支持下于1921年设立了"神户购买合作社"。同年，企业家那须善治被平生钏三郎介绍来的贺川丰彦的话感动，设立了"滩购买合作社"[2]。

在关西地区起步的合作社运动逐渐传播到日本全国。1951年，日本生活合作社联盟成立，初代会长由贺川丰彦担任。

这个组织也加入了国际合作社同盟。

从欧文开始的合作社思想，经过罗奇代尔公平先锋社和贺川丰彦之后，在日本广为传播。

图17　贺川丰彦，推动日本的合作社运动发展的人物

● 欧文的遗产

美国的思想家拉尔夫·沃尔多·爱默生（Ralph Waldo Emerson）拜访晚年的欧文时曾问他："您的徒弟有多少人？其中有谁准确继承了您的意志并付诸实践吗？"欧文对此回答说"我想是一个都没有吧"[3]。

诚然准确继承了欧文的意志并付诸实践的后继者一个也没有。欧文自己在贯彻了自己的意志后也屡次受挫。其后的欧文主义者们对欧文的意志有自己的理解，使用了可实现的方式投入事业中。

不过欧文所倡导的合作社会理论是这一切的根源。通过可以实现的事业展现给我们的"现实合作社会理论"正在教导生活在现代的我们。那就是"强调人的道德和基本的互助""建立基于信任关系的社区，如同扩大的家庭""独立的人与人之间的合作"，以及"重视教育来培养以道德和合作为中心的人性"。

也许这样的合作社会理论已经老生常谈了。但是我认为这些贯穿了戴尔和欧文的实践、追随其后的欧文主义者们的实践及日本贺川丰彦的实践的要点，应该也是我们今后事业中要一直重视的指标。

经过诸多实践提炼出来的"现实合作社会理论"对于社会竞争变得激烈，难以找到值得信赖的同志，无论怎么努力工作都没法安心生活的现代，可以说是提供了一个值得重新审视的角度。

注：

[1]　欧文于 1820 年出版了《致拉纳克居民们的演讲》*，向大众展示了这种"合作社规则"的构思。

[2]　1962 年滩生活合作社和神户生活合作社合并成为"滩神户合作社"，是日本规模最大的生活合作社。1991 年滩神户生活合作社迎来创立 70 周年，改称"CO-OP COUBE"。

[3]　新拉纳克信托"新拉纳克故事"新拉纳克信托出版社。

---

*　可能指 *Report to the County of Lanark*，即《致拉纳克郡》。——译者注

第七章

托马斯·卡莱尔

（Thomas Carlyle，1795—1881）

英国评论家、历史学家，维多利亚时代的代表言论家。他倾向于歌德的德国浪漫主义文学，批判功利主义，宣扬凭借正义拯救动荡社会的英雄出现。

在印度尼西亚的时光

这一章节的原稿，笔者是在印度尼西亚书写的。笔者受到委托前往介绍社会设计，在雅加达、棉兰和泗水举办了讲座和工作坊[1]。

看着印度尼西亚的城市，笔者就联想到了工业革命时期的英国。当然，国家和时代都不同，不能单纯地去比较。不过从现在的日本出发想象来说，这里更接近当时的英国。人口从农村疾速涌入城市，市中心废气和粉尘等污染弥漫不散，下水道设置不充分，工厂增加速度也呈加速增长，手工活逐渐被机械化替代，贫困人口众多，童工问题等。如今在印度尼西亚城市地区可见的问题和当时英国的工业城市如出一辙。

如今在印度尼西亚，尽管人们能够骑上自行车和摩托车等交通工具，玩着智能手机，但是却又并排坐在路边，儿童们在堵车时敲着车窗推销商品（图1）。我参观过卷烟工厂，那里上千名女性如同机械一般周而复始地卷着香烟。然而此时工厂主却计划要把工厂机械化，几年后预计会出现上千名失业者。市中心以外的道路基本上没有铺设好，污水直接流向河川，水道弥漫着恶臭（图2）。我脑海中始终牢记"自来水会拉肚子，所以绝对不要去喝"的念头。

在这样的城市中书写工业革命时期的英国的书就会有一种临场感。欧文、罗斯金、莫里斯、汤因比、希尔、霍华德他们活跃过的时代会浮现在思绪中，而这次我想要书写下生活在同一个时代的托马斯·卡莱尔的事迹。

图1 棉兰市中心的街道。一辆出了故障的汽车就被抛在路中央自生自灭，路边有很多贩卖赃物（沿街售卖）的商店。路面有些地方没有铺设过，遍地垃圾

图2 雅加达的水路。由于是生活污水的聚集地，水质极差，水面散发着异味。气泡频繁从河底冒上来，想必是发酵气体如甲烷等从污泥中冒上来

维多利亚时代

他们所生活的时代被称为维多利亚时代，特别是罗斯金，可以说完全就是维多利亚时代的人。毕竟他和维多利亚女王出生在同一年，在女王驾崩前一年亡故。

这个时代，科学取得了长足的发展，技术水平大幅上升。因此工业界也在推动劳动的机械化，提高了生产力，也有更多人把手伸向了这庞大的利益之中。这些人把捞到手的利益作为资本继续不断投入新的业务，在各地建造工厂。生活比以前变得更便利了，想要的东西也能买到了，感觉上经济被激活了。当时应该会有不少人觉得社会确实在进步而欣喜吧，相信生活会渐渐富足的人也一定很多。19世纪刚开始的状态就和被称为"信息革命""互联网革命"的21世纪初的新时代的开始给人带来的对未来充满希望的感受应该是没有什么区别的。

处于这样一个令人振奋的时代，依然有人紧锁眉头思考着未来。罗斯金就是其中之一。他们认同机械化使劳动生产力得到了提升，但更担心这会导致手工业者失业。此外，他们还感叹由于分工导致了重复的劳作，使工作的乐趣尽失。

他们指出，劳动者和资本家的差距在持续扩大。可以很容易看到空气被烟尘污染，下水道铺设迟滞，导致污水滋生病原体。一旦发生鼠疫或者霍乱，经济上的差距可能导致成千上万生活在不卫生的住宅里的劳动者死亡。而且劳动者不断向市中心集中，政府的卫生对策也应接不暇。

科学的发展不仅对技术和工业等领域产生了影响，也开始从别的角度对宗教所解释的社会结构做出了解读。达尔文的进化论就是其中之一。这导致了更多的人对宗教失去了信仰，与宗教的联系变得淡薄，人们之间相互合作的机会也就相对减少了。

尽管许多人对于工业革命带来的如梦般美好的未来满怀期待，但也有人脸色阴郁，质疑"这样地狱就要来到人间了""难道在此之前先来的不是市民的革命吗"。这一类人的代表后来被称为"维多利亚时期的哲学家们"——托马斯·卡莱尔（生于 1795 年）、约翰·斯图尔特·密尔（John Stuart Mill，生于 1806 年）、阿佛烈·丁尼生（Alfred Tennyson，生于 1809 年）、约翰·罗斯金（生于 1819 年）、马修·阿诺德（Matthew Arnold，生于 1822 年）。其中最年长的卡莱尔因其长期居住的地方也被称为"切尔西的哲学家"，之后一直给人们带来深远的影响（图 3）。

图 3　卡莱尔度过后半生的切尔西的住宅。这个美丽的带庭院的建筑现在是卡莱尔博物馆。墙面上挂着一个临摹卡莱尔轮廓的浮雕。在日本，夏目漱石造访这里并撰写了《卡莱尔博物馆》这件事广为人知

学生时代

卡莱尔于1795年12月生于苏格兰一个名叫埃克尔亨（Ecclefechan）的村庄。他的父亲是一名泥瓦匠，是一名贫穷的劳动者。出身于劳动者家庭的卡莱尔在"维多利亚时代的哲学家"中也有着自己独特的立场。其他的哲学家都成长于思想家、神职人员和富商家庭，他们对工业革命的负面印象都来自书籍等间接理解。虽然他们事实上也在努力改善了，但是毕竟没有亲身经历过贫穷。另一方面，卡莱尔生长于贫困的劳动者家庭，父亲也多次失业。可以说卡莱尔的社会改良都是基于自身切实体验提出的。

卡莱尔的家庭虽然贫困但是虔诚。双亲都希望卡莱尔能够成为神职人员，他本人曾经也是朝着这个方向在学习。他在孩童时代据说拉丁文、法语和数学学得非常好。另外他又非常敏感，在学校里也受到过欺负。5～13岁是在学校里度过的，其后父母为了让他能够成为神职人员，倾其所有把他送进了爱丁堡大学。当时苏格兰的大学和英格兰的不一样，贫困子女13岁左右开始就在此学习，并不是像现在提供高等教育的地方。实际上卡莱尔也并不满足于大学的教育内容。此外，为了升入大学而搬迁到了爱丁堡。那里的城市人口密集、卫生状况不佳，敏感的卡莱尔健康状况时常出状况。

17岁学完大学课程的卡莱尔进入非全日制的神学科。白天在学校担任算数课老师，夜间在大学学习神学。在学习数学、物理和天文学等的时候，他对现有的宗教产生了疑问。在虔诚的家庭中成长起来的卡莱尔为自己不再信仰宗教而苦恼。

于是他在 21 岁的时候抛却了成为神职人员的梦想，于 22 岁放弃当教职人员的工作，卡莱尔此时离开了大学的神学科，辞去了学校的教师工作。在写给朋友的信中，卡莱尔写道"当众神决定让一个人变得滑稽可悲时，他们就让他成了教师"。从这个时候开始，神经性胃疼及对噪声的神经过敏导致的失眠症不断折磨着他。

对德国的憧憬

辞去教职的卡莱尔从 23 岁开始学习矿物学，因为要学习德国矿物学的缘故，便需要学习德语。最后虽然中途放弃了矿物学，他却被德国文学深深吸引。对卡莱尔来说，当时的德国就是一个理想社会的模板。在当时的德国文学中，他尤其欣赏歌德的作品。

当然当时的卡莱尔并没有实际去过德国，所以对德国和歌德等多有过度美化的可能。不过在美化后创造出来的世界观如果可以为后世的年轻思想家带来长远影响，那么这种美化也可以认为是具有一定的价值的。值得一提的是，卡莱尔初次造访德国已经是 30 多年以后的事情了。当然，歌德此时也已离世，实际上两人并没有照过面。

27 岁时，卡莱尔开始在爱丁堡连载《席勒传》。这个刊载在《伦敦杂志》上的连载描述了和歌德往来至深的席勒的生平，两年后作为单行本发行。此外，卡莱尔在 28 岁时将歌德著作《威廉·迈斯特的漫游年代》翻译成英语并出版。

以这本翻译作品的出版为契机，卡莱尔与住在德国的歌德开始了书信往来，卡莱尔把歌德看作"精神上的父亲"。这时候卡莱尔 28 岁，歌德已经 75 岁了。歌德聆听了敏感又过于烦恼的卡莱尔的苦恼，给出了忠告，指明了方向。他称赞了《席勒传》的内容，给予了卡莱尔自信，并建议他不要顾虑别人的说法，只要坚持在自己认为应该走下去的道路上继续前进即可。这样卡莱尔的精神也逐渐恢复了健康，能够怀着自信继续从事著述活动了。

在人生中能够遇到可以被称为"师父"的人是非常幸运的。社区设计的现场也经常会有神经紧绷的状况。刚进入一个地区的时候，可能会被当地居民狐疑疏远。工作坊的开办方式可能也会招致批评。这个时候需要的不是指导自己社区设计的技术方面的前辈，而是更需要能够分享这样的烦恼，给出对应策略，一起投身活动的"师父"一样的人。从卡莱尔和歌德的关系中可见，即便是从未照面的人之间，也是可以建立信赖关系的。就现代社会，人们也可以通过邮件、短信、视频聊天工具或者即时通信工具等远距离构建起互相支持的关系。这时候对于对方的"憧憬"就尤为重要，哪怕是理想化或者美化过的也好。

相应地，能够遇到可以被称为"徒弟"的人也是非常幸福的事情。带着对于徒弟身上无限的潜力的期望活下去未尝不好，即便这也是经过理想化美化加工出来的"潜力"。歌德带着对异国徒弟的潜力的信念走完了余生，于 1832 年亡故，此时卡莱尔 36 岁。

通过和歌德之间的书信往来，卡莱尔获得了精神上的慰藉，产生了投身于活动的意愿。然而可惜的是，他的胃痛已经是终身难愈的疾病了。卡莱尔后来曾说"如果我的身体里面没有胃这个器官的话，生活一定会变得真正愉快的"。

卡莱尔的女性观

在卡莱尔 25 岁时，他的朋友给他介绍了一位名叫简（Jane）的女性。虽然卡莱尔对这位女性颇有兴趣，但是简当时的意中人似乎是介绍他们认识的那位朋友。最初简对于卡莱尔每次写来的信件都反应冷淡，但是她慢慢通过卡莱尔学习了语言和文学，了解了社会，同时也越发尊重卡莱尔，五年后他们成婚了。

在写给简的书信中有几处可以看出卡莱尔的女性观。卡莱尔认为女性"可以凭借软弱而不是力量征服男性""是通过顺从男性来统治男性的人群"。

在社区设计的现场经常可以看到这样的女性特征。参加我们举办的工作坊的女性们基本没有和喜欢争论的年长男性意见相左的，并不会和男性之间一样争论不休。她们看起来像是顺从了男性的说法一般，结果却是按照自己的想法行事。男性对此毫无感知，简直像是魔法一般（图 4）。

从 studio-L 的女性工作人员身上也可以看到这样的特征。卡莱尔指出的"凭借软弱而不是力量统治男性的能力"可以说

图4　女性经常在社区设计中发挥着积极的作用。我们早期参与的兵库县家岛地区的女性们顺利开展了活动，广岛县佐木岛的母亲们也顺利地推动了事业发展。照片上是佐木岛上的母亲们

是男性社区设计师应该要学习的能力之一。

　　从女性观这个角度来看，罗斯金从卡莱尔这里学到了很多，并写出了《芝麻与百合》这本书。正如前文所述，这本书是罗斯金的读书论和女性论，不过在书中登场的理想女性形象和简有些相似。据说和简相识的人无不为其才华、个性和口才所吸引。罗斯金也是其中一人。即便在丈夫卡莱尔身边，简本人对自己的才能也一样挥洒自如，几乎令所有和她交流的人惊讶。据说她能站在他人立场上思考，记忆力超群，所寄的信件文笔优美、内容生动堪比文学作品。

　　罗斯金如是说："男性的力量是积极的、前瞻性的、防御性的。男性具有活动者、创造者、发现者、防御者的特征。他们的智慧适合思考和发明，精力倾向于冒险、战争和征服。不

过女性的力量却适合统治，而不适合战斗。她们的智慧并不倾向于发明、创造等，而适合温和地指导、组织和决策。女性了解事物的本质、应有的姿态和需求。女性拥有称赞的力量。女性不参与争斗，而判断争斗的胜利是否正当。"这种表现方式让人想象出来的正是卡莱尔妻子的形象。

虽然卡莱尔的思想中有很多值得学习的地方，不过他的人格中却鲜有社区设计师应该学习的点。他喜欢讽刺别人，经常发脾气。因为长期胃疼，所以心情一直不佳；性格敏感，所以不善于社交。而卡莱尔妻子的人格里却有很多值得社区设计师们、无论男女学习的地方。

《时代的征兆》

结婚两年后，32 岁的卡莱尔搬到了妻子简的娘家克雷根普托克（Craigenputtock）的农场。这是因为农场地区和爱丁堡不一样，空气清新，远离噪声，适合专心写作。妻子和弟弟从事农活，卡莱尔继续写作。虽然贫乏，但也能维持生计，每一天除了和家人以外鲜有与外人交流。卡莱尔也渐渐疏于社交，甚至和简开玩笑"我都想创办一个厌人协会了"。

卡莱尔在这个家中完成了论文《时代的征兆》（*Signs of the Times*）并发表在杂志上。在这篇论文中，卡莱尔指出工业革命使机械文明渗透到了每一个角落，甚至人们的思考方式也变得机械化了。机械性的思考方式破坏了人类与生俱来的自然性，还影响到了人与人之间的联系。他敲响警钟，告诫那些对这一事实无动于衷的英国政府和贵族阶级的人们，国家的统治方式到了必须改革的时候了。

读了这篇论文的罗斯金决定执笔书写《时至今日》一书，马修·阿诺德被这篇论文所触动，写下了著作《文化与无序》（*Culture and Anarchy*）。此外，美国的拉尔夫·沃尔多·爱默生对"机械性思考破坏了人类与生俱来的自然性"深有同感。这篇论文也使继续留在克雷根普托克写作的卡莱尔在文坛声名鹊起。

《衣裳哲学》

深居克雷根普托克的农场、几乎不和人会面专心写作使卡莱尔在这里得以完成《衣裳哲学》（*Sartor Resartus*）的原稿。尽管如此，这份原稿也不是一次向外全部公开的。当初卡莱尔想要出版书籍，但是伦敦的出版社都不愿意出版。这和选举法修正时期局势不稳定也有关系，不过卡莱尔自己难以理解的、独特的文章表现也影响了出版。

于是卡莱尔就把原稿分成九章，每个月向杂志社投稿一章。通过此种方式卡莱尔在 37 到 38 岁的时间段内于杂志上发表了《衣裳哲学》。然后在他 42 岁时终于在出版社正式出版了《衣裳哲学》全本。

卡莱尔想在《衣裳哲学》中表达的大致上是以下几点：人类至今为止创造出来的习惯和制度都是为了生活的点缀或者舒适，就像是点缀身体让自己更舒服的衣裳一般。衣裳必须要随着穿着的人的成长变化而修改翻新。如果小改小补不能解决问题，就必须换成全新的衣裳。现代社会穿着的已经是不适合身体的衣裳了，已经到了必须要制作能够适应新社会的"衣裳"来换上的时候了。

这样的思考方式也适用于当下的日本。许多传统的制度和习惯已无法奏效。日本社会已经到了穿着不合身的衣裳的状态了，必须要设计新衣裳换上。那么新衣裳应该是什么样的呢？卡莱尔期望能够出现一个为大家设计适合新社会的新衣裳的英雄的出现。他不认为居民们互相交流就可以设计出新衣裳来。

那么从社区设计实践的角度来看又是怎么样的呢？卡莱尔期待中的给全国穿上新衣裳的英雄并不是一个可选项吧。我们期望的是与之不同的，居民们通过交流、活动的方式确定各地方社会的衣裳形式，然后制订并更新的形式。然后把居民参与制作翻新衣裳的详细过程展示给其他地区看，逐渐把这些举措推广到日本全国。从这个角度来说，社区设计师期待的并不是翻新全国衣裳的英雄的隆重登场，而是在地区社会以实践的方式投入衣裳的制作和翻新事业中的英雄的居民们的行动（图5）。

《衣裳哲学》中随处引用了歌德的话语。"只有运动才可以除去各种各样的疑虑"这一句就是歌德所言。在翻新地区社会的衣裳时，徒有议论是不能解决问题的。不着手实行就找不到解决的方法。所以在工作坊中不仅要交流，还要通过团队建设寻找合适的伙伴，在能力范围内开始行动起来。只有行动起来，才能看到人们的反应，才能渐渐看到适合地区社会的新衣裳的形式。

图 5 新潟县燕市开展的"燕子青年大会"。当地的年轻人多次开展工作坊活动，提出了对当地社会有益的，同时自己也能享受其中的项目。他们不止步于提出方案，也实际投入活动开展中。正可谓是"地区的问题只有通过活动才可以解决"的写照

爱默生的来访

　　卡莱尔夫妇的田野生活，过了六年就结束了。他们当初选择克雷根普托克农场生活是因为这里空气清新、噪声少、房租低廉，可以实现清静生活，却未曾想到农活和家务活负担远超设想，冬季被大雪封锁，周围杳无人烟孤独异常，并且几乎没有知性交流，甚至连写作需要的资料都无处可寻。

　　卡莱尔在 38 岁时第一次考虑搬到伦敦去。当时有一名来客突然造访农场，他就是爱默生。爱默生从美国出发旅行，经过意大利和法国来到英国。他从杂志上读到了《时代的征兆》

和《衣裳哲学》等，就决定一定要到英国见一见卡莱尔，于是就来到了克雷根普托克。

当时爱默生比卡莱尔年轻 8 岁，正值而立之年。爱默生在卡莱尔夫妇家留宿了一晚，三个人聊到了方方面面。特别是互相表达了对英国和美国历史上的英雄的看法。

卡莱尔对历史上登场的受人尊敬的英雄多以"伙伴"来表现。这是因为想到在各个时代都有怀有烦恼而行动的伙伴就会心生安慰。卡莱尔说"知道伙伴的人生是一种言语无法表现的喜悦。知道了这个人的内在，理解了他的行动，然后能够读懂处在那个时候他在思考什么，这样就可以看到和这个人看到的一样的世界。最终我们不仅要解释其人的理论，还要成为这个人，从而得以彻底理解此人在那个时代想的是什么，做了哪些行动，又相信什么"。

我的历史观也受到了卡莱尔的影响。历史上的人物在什么样的情况下思考什么，做着哪些行动。设身处地去思考是一件愉悦的事情。这本书就可以看作其中一环。我会把罗斯金等历史上的人物的所想、所作和所为放在当今日本的社会设计师的角度思考。所以相比年份，我更加偏向于记录年龄。想象着他们分别在什么年龄做了什么事情，随着年龄增长又在思考什么。

卡莱尔说过"历史具有乐趣和教训两面性"。我们一边享受历史中的蜿蜒曲折，一边要从中学习，即历史具有"寓教于乐"的力量。

这一点在社区设计现场也是通用的。居民不会参与自己不喜欢的工作坊。如果只是认真传授知识，参与者数量就会减少。破冰游戏中初次相识的人们建立起友好关系，在工作坊中畅所欲言，用短剧的形式把交流结果展示给大家看，结束之后大家一起聚餐，或者为了深入了解案例一起旅行等，时常留意这样的流程就可以带来乐趣。一边享乐一边学习，那么社区也能做到更多事情了（图6）。

当然，我们偶尔也会热烈交流或者用演讲的方式辩论。不过我们把这理解为卡莱尔所提出的"乐趣"的一种。卡莱尔曾经提出，为了实现真正的乐趣，与"向着人类纯粹的本性对话"。

爱默生和卡莱尔在交流了历史和英雄等话题之后，次日向着更北方继续旅行去了。此后卡莱尔和爱默生的书信往来持

图6　北海道黑松内町举办的"车库烧烤工作坊"。黑松内町的许多人喜欢"车库烧烤"，也就是在自己住宅的车库里烧烤。于是我们就租借了农协的仓库开展了"车库烧烤工作坊"活动，其乐融融从而吸引了很多人前来，大家一起共商街区的未来

续了 40 年。在这 40 年内，卡莱尔也依次发表了关于历史的著作并出版，即 41 岁时所著的《法国大革命：一部历史》（*The French Revolution：A History*）、45 岁时所著的《论英雄、英雄崇拜和历史上的英雄业绩》（*On Heroes，Hero-Worship，and The Heroic in History*）、47 岁时所著的《过去与现在》（*Past and Present*）、49 岁时所著的《奥利佛·克伦威尔书信演说集》（*Oliver Cromwell's Letters and Speeches*）、55 岁时所著的《约翰·斯特灵传》（*The Life of John Sterling*）、62～69 岁期间所著的《普鲁士腓特烈大帝史》（*History of Friedrich II of Prussia*）的第一卷到第六卷、79 岁时所著的《挪威早期帝王史》（*The Early Kings of Norway*）及《约翰·诺克斯的肖像》（*The Portraits of John Knox*）。

《法国大革命：一部历史》

从克雷根普托克的农场搬到伦敦的卡莱尔夫妇在朋友的劝说下住到了切尔西的切恩街（Cheyne Row）地区。这时候卡莱尔 38 岁，开始着手写他曾构思过的《法国大革命：一部历史》一书（图 7）。

农场附近没有可以查阅资料的地方，而在伦敦就有大英博物馆图书馆了。当时的图书馆不允许外借资料，只能在图书馆内阅读。卡莱尔去了大英博物馆图书馆誊写了资料（图 8）。此外，他的朋友约翰·斯图尔特·密尔也借了 150 本关于法国大革命的书给他。密尔以前曾想过要写关于法国大革命的书

图 7　位于切尔西的卡莱尔宅最上层的书房。卡莱尔的桌子就在深处的暖炉前。桌子上有一块卡莱尔手模石膏

图 8　现在的大英图书馆。大英博物馆图书馆于1937年和其他图书馆一起组成了大英图书馆。卡尔·马克思逃亡到英国时曾在这个设立于18世纪的图书馆里写下了《资本论》等作品

籍，但是放弃了。他觉得那时候收集的资料可能对卡莱尔著书有用就借给了他。卡莱尔对这份友谊表达了深切的谢意。

　　一年后，卡莱尔写完了《法国大革命：一部历史》的第一卷，首先找来借给他大量资料的密尔，请他读了原稿。密尔在读完原稿后，深受书籍的完美度之高所打动，向卡莱尔表示想要再多借一阵原稿再返还，以便用注释的形式写上自己的感想等。

　　卡莱尔爽快地答应了，在等着他还来带着注释的原稿的时

候，却等来了心急如焚的密尔和他当时的朋友，后来的结婚对象哈莉耶特·泰勒（Harriet Taylor）一同登门。据称《法国大革命》原稿被他不小心烧了。密尔没有找任何托词，卡莱尔对此也没有多说过什么。对着脸色苍白的两人，卡莱尔能做的也只有安慰他们了。

后世对于这个事故有过各种各样的臆测。据称密尔在借原稿的时候也想给泰勒看一下，泰勒读完后就把原稿放在了桌上去睡觉了，仆人误以为这是废纸，就拿来扔到火炉里当柴火烧掉了。真相如何就不得而知了。我们所知道的事实就是卡莱尔通读了从密尔那里借来的150本书，在图书馆里写出来的原稿已经化为灰烬了。卡莱尔曾经这么表达过这时候的心情："就好像我把练习作文交给了老师，却被老师说要打回去重写，并且要写得更好一般。可悲的是，除了听从老师之外，我别无选择"。

就这样，半年之后，再次写出了《法国大革命》的第一卷的卡莱尔在半年后又写出了第二卷。第三卷完成是在1837年1月，卡莱尔41岁时。

该书内容和前文提到的《衣裳哲学》也有关系。法国的旧体制已经成为不能适应当时社会现状的旧衣裳，所以需要通过革命的方式来摧毁。革命之后就需要有新的衣裳，但是卡莱尔的观点是这并不是由共和主义或者自由主义等来塑造的，而应该是由英雄来创造。每个人应该增加英雄出现的趋势，并与出现的英雄紧密合作，贡献力量，为国家创造出更好的衣裳。

日本明治时期的思想家内村鉴三很崇拜卡莱尔，1894年他在箱根演讲时提到了卡莱尔重写被烧掉的《法国大革命》的事迹，指出《法国大革命》这本书虽然本身就很精彩，但是卡莱尔自身的"生存方式"才真正是能振奋人心的宝贵财产[2]。同时，内村还强调了"生存方式""Life"的重要性，这显然是受到了罗斯金《时至今日》的影响。

《论英雄、英雄崇拜和历史上的英雄业绩》

1840 年，卡莱尔办了 6 次连续演讲讲述英雄，主题分别是神明英雄、先知英雄、诗人英雄、教士英雄、文人英雄、帝王英雄*。次年他把这些连续演讲总结到一起，作为《论英雄、英雄崇拜和历史上的英雄业绩》出版。卡莱尔认为这六种英雄都有共同的资质，那就是"信仰坚定的心""诚实的心""投身解决社会问题的态度""强大的领导力"等。在此之上，卡莱尔批评了当时英国政府有关人员和资本家们等人不具备任何上述资质。

卡莱尔分析到的英雄具有的资质也可以说是社区设计师应该有的资质。"信仰坚定的心"不仅限于宗教，如果从"让地区变得更好的强烈愿望"的角度思考，那么对于社区设计师来说，这也是不可或缺的资质。此外，还有相信当地居民的力量，依靠诚实的心构建联系，以及积极投身解决地区存在的问题。有时也必须要发挥强大的领导力。

不过有一点我们必须要注意，那就是不要使自己成为当地的英雄。要在当地居民中发掘具有上述资质的人，和这些人一

---

* 此处书名和主题翻译参考商务印书馆 2005 年出版的《论英雄、英雄崇拜和历史上的英雄业绩》之目录。——译者注

起行动，在这个过程中传播我们的方法，要以逐渐不再需要自己为目标。万一当地居民以迎接英雄的姿态来对待自己，就要尽早脱下英雄的衣裳，让当地的领导者穿上。然后就和卡莱尔所建议的一样，不要拖累当地的英雄领导人，而是协助他们认为必要的行动中，享受到让当地变得更好的进程中。

　　1841 年当《论英雄、英雄崇拜和历史上的英雄业绩》出版时，卡莱尔开设了一个会员制的私人图书馆"伦敦图书馆"（图 9）。由于当时的图书馆并不外借，想要查阅资料的人就不得不每天往来图书馆。或许卡莱尔在切尔西的家里一边书写《法国大革命》和《论英雄、英雄崇拜和历史上的英雄业绩》时，一边就在构思可以外借书籍的图书馆吧。当时 45 岁的卡

图 9　现在的伦敦图书馆。这是 1841 年由卡莱尔发起设立的会员制图书馆。可以外借图书的图书馆在当时还很少见。现在只要支付约 8 万日元年费*，谁都可以成为会员。我虽然也想成为会员，但是还不知道下次什么时候能来，所以只能作罢，仅仅买了一个伦敦图书馆原版的书包

---

* 本书原著出版时约合 4 500 元人民币。——译者注

莱尔开设的伦敦图书馆允许会员外借图书，可以说是非常划时代的。这个图书馆现在依然在伦敦。我不禁联想，伦敦图书馆诞生的背景中可能也和他日夜往返大英博物馆图书馆书写出的《法国大革命》原稿付之一炬带来的悲剧有关吧。

《过去与现在》

卡莱尔是一个强调行动的重要性的人，是那种"与其喋喋不休，不如先做起来"性格的人。他曾说"不管思想有多高尚，人类的最终目标都不是思想，而是行动"。对于劳动和工作的重要性，他如是说："能够找到从事一生的工作的人就不需要其他的幸福了""勤劳是能够医治一切困扰人的疾苦的良药""不能工作也就意味着不能贯彻作为人类的使命，是人所能有的唯一的不幸"等。

持这样观点的卡莱尔在谈到理想中的劳动的时候所述说的，是以中世纪的社会为原型的，认为过去的劳动方式是幸福的，与之相比，现在的劳动方式就是不幸了。他在47岁时刊发的《过去与现在》，展示了中世纪时期富足的劳动方式，而非工业革命带来的机械化的当代劳动方式。

促使卡莱尔写下这本书的契机是对中世纪修道院和当时的救济院的一系列游学经历。某天卡莱尔造访了中世纪的修道院废墟，曾经弥漫着慈悲的工作场所给他留下了深刻的印象。几天之后，他又造访了当时的救济院，目睹了被贫困压得喘不过气来还要继续劳作的人们的惨状。因为这个经历，他开始比较过去和现在，谈论劳动应该是富足的，而不是压迫、虐待。

在这本书出版的七年前，建筑家诺斯摩尔·普金（Augustus Welby Northmore Pugin）出版了《对比》一书。《对比》中反复将15世纪和19世纪的同一个设施（救济院、修道院、教堂、市政府、下水道、旅店、城市等）放在一页纸上对比描绘，展现出中世纪的优越性[3]。虽然中世纪实际上并不如普金描述的那样尽是美好一面，不过对于因为工业革命而在恶劣的环境里生活、劳动的人们来说，《对比》事实上正是把中世纪理想化的一个契机（图10）。

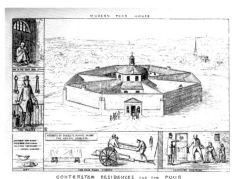

图10　普金的《对比》一书中的插画。描绘了穷人的住所，上图是19世纪，下图是15世纪。19世纪的救济院如同监狱一般，只施舍面包和稀粥等食物，尸体会被拉去解剖用。而15世纪的修道院因为尚有宗教精神，提供牛肉、羊肉、培根、牛奶、面包和芝士等食物，人死后也会得到妥善埋葬

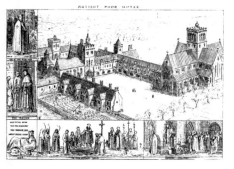

普金作为一名建筑家通过绘画表现了过去和现在，卡莱尔则将其使用文章的方式表现，也就是 1843 年发行的《过去与现在》一书。与拉斐尔前派有过交流，曾参与与莫里斯商会活动中的画家福特·马多克斯·布朗（Ford Madox Brown）在读完卡莱尔的《过去与现在》之后了解到了中世纪富足的劳动，创作了《劳动》这一绘画作品，描绘了一群从事各种劳动的男人和女人，在右上角画了心满意足地望着他们劳动的卡莱尔和弗雷德里克·丹尼森·莫里斯（图 11、图 12）。

卡莱尔在《过去与现在》中对劳动的机械化和分工化等表达了忧虑。这个观点也被罗斯金和莫里斯等人继承。并且罗斯金和莫里斯等人视作模范的中世纪行会这一工作方式也被我们

图 11 布朗的作品《劳动》。画中登场的劳动者们看上去都以不同的方式享受着各自的劳动。而在画面右侧观察的卡莱尔和莫里斯都露出满意的神情。他们实际上是受布朗所邀请，充当这幅画的模特摆出了这样的姿势

图12　弗雷德里克·丹尼森·莫里斯（1805—1872）。在剑桥大学担任教职，在红狮广场设立了工人大学。当时住在红狮广场的罗塞蒂和莫里斯等人也在工人大学担任讲师。此外，罗斯金也受到莫里斯邀请在工人大学讲课，回去路上会在罗塞蒂和莫里斯的家里停留

在设立社区设计事务所时参考。"工作方式"对于21世纪的日本也依然是非常重要的问题。

卡莱尔发现了当时社会"富裕中的贫困"。他的观点是劳动者们的贫困是因为贵族们的无能。他称呼资本家为"坚信人与人之间的联系可以用金钱交易实现的拜金主义者"，批判资产者是"不劳动却从房租和地租中拔毛，自己则一味追求狩猎享乐的游戏主义者"。他指出，只要这样的人统治着社会，问题就不会得到解决，必须要找出具有卓越治理才能的统治者。

那么究竟是谁呢？卡莱尔回答说，这就是英雄了。他一如既往地期待着英雄的登场，也不断向人们诉说历史上的英雄在思考什么，又采取了什么样的行动。

卡莱尔所做的工作粗略总结下来就是把社会问题以结构化的方式归纳并使其广为人知，以及把历史上的英雄如何解决当时的社会问题以故事的形式饶有趣味地讲述出来这两点。他呼吁年轻人利用这些知识行动起来，而响应了这个呼声的就是罗斯金、拉斐尔前派们、莫里斯及希尔等人了。

和罗斯金的交流

1848 年，拉斐尔前派在伦敦美术界登场了。他们作为年轻艺术家团体着眼于卡莱尔盛赞的中世纪时代，开始制作独特的作品。这时候卡莱尔 52 岁。

他们为美术界认同的契机是作为美术批评家有着稳固地位的罗斯金赞扬了他们的活动。拉斐尔前派作为团体的活动并不长久，不过通过他们的活动相互认识的罗斯金和卡莱尔的关系在这之后却持续了很久。从《托马斯·卡莱尔和罗斯金书信集》中可知，两者的往来书信从卡莱尔 55 岁时开始，持续了约 30 年。

罗斯金 28 岁时认识了卡莱尔。这和卡莱尔与歌德开始书信往来是同一个年龄。正如歌德和年轻的卡莱尔建立联系时一样，卡莱尔应该也很享受和年轻的罗斯金建立联系吧，其中包含着对未来的期待。

1862 年罗斯金出版了《时至今日》一书，这对于一直活跃在艺术批评界的罗斯金言及社会改良有些人心有不悦。报纸上的批评写道"罗斯金还是放弃自己半吊子的经济论，像以前那样只写艺术论就可以了"。对此卡莱尔评价"该著作达到了柏拉图的境界，对于我们来说是宝贵的和有益的"。年轻的罗斯金应当是很受鼓舞的。

卡莱尔和罗斯金是相似的，两者都是敏感的性格。卡莱尔被胃疼和失眠折磨，而罗斯金饱受神经疾病和忧郁症的困扰。

对于境遇相似的卡莱尔，罗斯金渐渐开始将其视作自己的第二个父亲了。特别是1864年父亲亡故之后，罗斯金不再写"您的徒弟罗斯金"而是"您的儿子罗斯金"。

从歌德、卡莱尔、罗斯金三人的关系，我思考起了有个30岁左右的徒弟的意义。我认为大学教育是有意义的，大学毕业之后，来自积累了一定程度的社会经验的人的教育也很重要。他们基于社会经验出发思考问题，肯定也有过被无心的批评伤了心的经历。他们在分享这样的经验的同时，也能够妥当评价应该要做的事情，在社会中占有一席之地，才是先生之人应该有的样子之一。

从这个意义上讲，大学的社区设计学科培养20岁前后的年轻人就很重要了，同时studio-L也必须不遗余力地培养30岁前后的年轻人（图13）。此外，对于studio-L之外的人，

图13 studio-L每年都会召集所有工作人员举办合宿活动。大家会在此互相介绍这一年中参与过的项目，分享对自己产生影响的事例，讨论作为社区设计师的想法，等等

如果认识了在 30 岁前后投身于值得尊重的工作中的年轻人，我们也想构建起能够认真评价他们的行动，激励他们进一步发展的关系。这对于人生来说也一定是无上的喜悦。

晚年的卡莱尔

1855 年，使用男性笔名活跃在文坛的女性作家乔治·艾略特（George Eliot）发表了论文《托马斯·卡莱尔》（图 14）。她在论文的开头写下了对于"教育的目的"和"具有影响力的作家"的思考。按照她的说法，教育的目的不是教授结果，而是为了更容易得到结果而生的干劲，以及产生投身于有意义的活动的感情。同样，最具影响力的作家中也不是有重大成果发表或者给出了什么结论的人，而是给了人们一个契机，动身去寻找发现和结论的人。艾略特认为在这个意义上就没有卡莱尔同

图 14　乔治·艾略特（1819—1880）。和罗斯金同年出生的女作家。使用男性名字写小说。著名作品有《米德尔马契》（*Middlemarch*）和《织工马南》（*Silas Marner*）等。笔名乔治据说借用了恋人刘易斯的名字

等影响力的作家了。她的观点是，同时代的文学家基本没有不被卡莱尔的著作改变思考方式的。

这一点在社区设计的现场也很重要。我们每一个人在开展具体的活动之前，会经常思考应该要提供什么样的信息、要说什么样的言语、想要让参与者体验到什么。我们想要做的不是给当地人演示一个解决方案，而是创造一个让他们自主行动起来的契机。这就是社区设计的工作。"对于饥肠辘辘的人不该授以鱼，而应该授人以渔"，这句谚语经常被人引用，再扩展一下，"创造想要知道捕鱼的方法的情绪"就是我们的工作了。

此外，据说乔治·艾略特的恋人乔治·亨利·刘易斯（George Henry Lewes）受到卡莱尔的影响，对德语和拉丁文等产生了兴趣。他在艾略特发表《托马斯·卡莱尔》一文的那一年出版了《歌德传》。他在致谢词中称赞了卡莱尔，然而文章却和卡莱尔的文体极其相似。关于这一点，卡莱尔的友人密尔表示他也曾经模仿过卡莱尔的文体，不过对于刘易斯，他给出了"卡莱尔的'衣裳'应该留给卡莱尔"的忠告。这一点让人想起了卡莱尔的《衣裳哲学》。

1866 年，70 岁的卡莱尔在母校爱丁堡大学举办的投票中被选为名誉会长。因为纪念演讲出差前往爱丁堡的途中，他的妻子简在伦敦离开了人世。1873 年，亲友密尔也亡故了。然后到 1881 年，卡莱尔以 85 岁高龄拉上了人生的帷幕。

卡莱尔去世之后，他出生地埃克尔亨的住宅交由奥克塔维亚·希尔等人设立的国民信托管理，对公众开放（图 15）。

图15　位于切尔西的指示卡莱尔宅邸的标志。从中可见其由国民信托管理。卡莱尔影响了罗斯金和莫里斯，受到这两位影响的希尔投身于国民信托的设立，管理卡莱尔宅邸可以说是理所当然了

放到当代

　　卡莱尔等人活跃的 19 世纪初没法单纯与如今的日本比较。然而在凭借工业革命给未来打开了无限可能的时代中，还有着眼于同时产生的社会问题的人们，这给了我们莫大的勇气。

　　如今的日本经历了信息革命，新技术轮番登场。以往收费的事物现在变为免费了。大量的数据向人展示着全新的价值。相隔距离的人们可以通过视频交流。手表和眼镜甚至空气中都展示着信息。使用这些新技术或许可以使生活变得更为富足。接下来又会是什么样的服务登场呢？这种心情一定和 19 世纪初的人们的感受是相似的。

　　然而，这也带来差距的扩大化。贫困人口比例增加了，需要生活护理的老年人的比例也在增加。如今已经建立起了一种可以巧妙隐藏不便信息的机制。人与人之间的联系逐渐淡薄。

孤独至死的人也逐渐增多。地区的问题都倾向于交给政府处理。委以重任的政府却拿不到实行所需要的预算。

所以我认为需要有社区设计，必须行动起来让地区居民合作解决问题。从请愿型居民向提议实行型居民转变的人数必须要增加。这样的思考方式可能过于较真，"必须"这种说法可能显得过于强硬。对于梦想着信息革命后充满憧憬的人们来说，标榜了社区设计的我们的行动可能显得碍眼。但是卡莱尔的生存方式已经深深扎根于我们的内心。

工业革命时期，脸色阴郁不断指出社会问题、讨论解决方案的卡莱尔等人，肯定会被同时代的人们所疏远吧。这是一个科学夺走宗教的力量之前的时代，是一个人们怀着虔诚的心互相合作的时代，他们评价着中世纪的时代，思考着怎么样把中世纪的生活品质运用到当代。他们思考着如何跨越分工这种工作方式，如何能从劳动中产出乐趣来。

维多利亚时期的哲学家们思考着这些问题，一定也和说出"真正的富足一定不是大量获取财物""应该如何让人们互相合作解决地方问题""江户时代的自治体和互相帮扶机制能否适应现代社会"等的社区设计师们一样，会被旁人看作是怀旧主义、社会主义的。

尽管如此，卡莱尔也一直不断在诉说，罗斯金也在边说边实践。莫里斯、汤因比、希尔和霍华德把实践更推进了一步。旁人一定对他们七嘴八舌，然而他们也从未放弃过。这就是为什么我们这个时代的人们会为这些人的生存和工作方式所鼓舞。

再次回到印度尼西亚

尽管我已经很小心了，但还是没注意到饮料里的冰块。印度尼西亚的店铺里出售的果汁中放的冰块是用自来水做的。所以现在我正遭受着强烈腹痛和腹泻的折磨。根据医生的说法，我得的是细菌性肠胃炎。忍着剧烈的腹痛写下原稿时更让我想起了卡莱尔终生忍受着胃疼的折磨，他也是忍着疼痛坚持写作。这么一想，我觉得腹痛也更容易忍耐了。

印度尼西亚无论是城市还是腹痛都带着临场感。即便如此还是很伤啊！

注：

[1] 应国际外汇基金的要求，我于 2015 年 3 月 22—28 日在印度尼西亚，分别在雅加达的希望之光大学（Universitas Pelita Harapan）、棉兰的北苏门答腊大学和泗水的泗水理工学院开办过工作坊。

[2] 这时候的演讲集后来整理成《留给后代的遗产》。其中涉及卡莱尔的部分这么描述："我对卡莱尔非常敬重"，对卡莱尔重写了《法国大革命》大加赞赏。此外，内村在箱根演讲时是 33 岁。

[3] 普金是英国国会事实上的设计师，然而当时这个设计并未得到评价。倒不如说是一位靠著作《对比》出名的建筑家。此外，后世的罗斯金批评他的《对比》"对中世纪的宗教美化过度"。

后记

我写这本书的契机是 2013 年在纪伊国屋书店大厅举办的与国分功一郎先生的对话。彼时国分功一郎先生把威廉·莫里斯的话题当成了我们之间的共同话题。虽然我在此之前还没有讨论过我在思想上受到的影响，但是因为这天在国分功一郎先生的诱导下心情愉快，就谈及了罗斯金、欧文和傅里叶等人。平时我都和渔夫老爹或者旅馆的阿婆聊天，基本没什么机会聊到莫里斯和罗斯金等人。而我在和国分功一郎先生交谈的过程中，再一次感受到诸多书籍给自己带来的影响。

对话结束后，前来交换名片的观众之一是太田出版社的编辑柴山浩纪先生。"山崎先生要考虑一下以杂志连载的方式谈谈曾影响了自己的人吗？"他这么邀请我。这对于刚结束对话心里想着"要不要重新读一次罗斯金和莫里斯等人的事迹和作品呢"的我来说可谓是正说到心坎上了。于是我立即答应了太田出版社的 *at Plus* 季刊杂志的连载创作。这本书的骨架就是从这些连载创作中来的。不过连载时因为页数限制，没法刊载的插图在这本书里完整呈现了。

2013—2015 年，我在回顾英国的维多利亚时代的前人们的言说并归纳整理了他们的思想对于社区设计的工作究竟带来了什么样的影响的过程中，产生了走访实地追随他们的足迹的想法。于是在 2015 年 5 月，我就带着 studio-L 的其他负责人一起前往英国进行一场纵向的旅行。我们在格拉斯哥借了两辆车，和工作人员一同南下巡访各地。整个旅程耗费两周时间，最终目的地在伦敦。旅途记录刊载在杂志 *BIOCITY* 的第 64 期上。本书中的专栏大多由当时的原稿构成。不过 "从新拉纳克到罗奇代尔" 这篇专栏是新写出来的。

在重新学习那些活跃在 19 世纪的英国的前人们的生存方式的时候，我也萌生了调查 20 世纪活跃在美国的人们的事迹的想法。这本书里也提到一些，如拉尔夫·沃尔多·爱默生、弗雷德里克·奥姆斯德、简·亚当斯等。我考虑归纳成《社区设计的源流——美国篇》一册。

最后，我想要感谢负责本书编辑工作的柴山浩纪先生、爽快同意了我转载专栏文章的 *BIOCITY* 的主编藤原由纪子女士、在调整布局和英文内容整理等工作中提供了帮助的 studio-L 的同事们，特别是出野纪子女士、恋水康俊先生、藤山绫子女士等。此外，还要感谢国分功一郎先生为我执笔这本书引出了一个契机。可以在英国南下的旅途终点伦敦实地遇到国分功一郎先生并分享我在旅途中的见闻着实令人愉快。感谢刊载在参考文献列表上的图书的作者和译者们。在查阅文献时好几次我都因为 "太好了，这里写着！" 而发自内心地感动。正是因为受到大家介绍的伟人的人生的鼓舞，我才得以踏入社区设计的现场。

同样，如果这本书能够给读者的人生带来哪怕些微的正面影响，那我也可以因为能与罗斯金所言 "这里没有财富，只有生命"（There is no wealth but Life.）产生共鸣而不胜欣喜了。

2016 年 3 月，于佐贺县古汤温泉

山崎 亮